Uli Weber

Klimahysterie ist keine Lösung

Klimawandel

CO_2-Ausstoss

Treibhauseffekt

Solarstrom

Windenergie

Gletscherrückzug

Fossile Kohlenwasserstoffe

Globales Ölfördermaximum

Atomenergie

Artensterben

Die Klimakatastrophe

Katastrophenszenarien haben sich zu den Gelddruckmaschinen der modernen Forschung entwickelt. Der Mainstream der globalen Klimaforschung macht sich gerade zum Popanz einer CO_2-Apokalypse und aus Angst vor einer prognostizierten Klimakatastrophe isolieren wir unsere Häuser. Dabei findet diese Klimakatastrophe vorerst nur in unseren Köpfen statt, denn es geht dabei weniger um den aktuellen CO_2-Ausstoss der Menschheit, als vielmehr um den befürchteten Anstieg dieser Emissionen in der Zukunft.

Immer und zu jeder Zeit wurden der Menschheit Katastrophen vorhergesagt, insofern ist die Klimakatastrophe eigentlich gar nichts Neues. Neu ist eher, dass die Protagonisten dieser Katastrophe sich nicht mehr alter Weissagungen oder plötzlich auftauchender Kometen bedienen, um ihre Thesen unters Volk zu bringen, sondern wissenschaftlicher Modellrechnungen. Und deren mediale Darstellung bleibt dann im Wesentlichen auf plakative Katastrophenszenarien beschränkt.

Dabei hätte eine Klimaerwärmung für große Gebiete unserer Erde, zum Beispiel hier bei uns in mittleren Breiten, auch ausgesprochen positive Auswirkungen, allein schon durch eine Verlängerung der Vegetationszeiten.

Wir sollten also das Aufkommen jeglicher Angstgläubigkeit um die vorhergesagte Klimakatastrophe vermeiden, weil wir unsere begrenzten wirtschaftlichen Mittel nicht nur ökologisch, sondern auch ökonomisch sinnvoll einsetzen müssen. Denn die Weltbevölkerung als Ganzes hat riesige Probleme, die sich nicht auf die griffige Formel reduzieren lassen:

Wenn wir den Ausstoß von CO_2 verhindern, wird alles gut!

Dieses Buch soll geowissenschaftliche Zusammenhänge über unser Klimageschehen vermitteln und, hoffentlich auch, zum Überdenken unserer Strategien anregen. In unserer moralischen Verantwortung als der „besser verdienende" Teil der Weltbevölkerung sollten wir unsere wirtschaftlichen Potentiale nämlich klug und zielgerichtet zum Nutzen aller Menschen auf dieser Erde einsetzen!

Rechtliche Hinweise

Internet Links: In diesem Buch wird als Quellen- und Informationsnachweis auch auf Internet-Links verwiesen. Inhalte und Datenschutz dieser Webseiten liegen nicht im Einfluss des Autors; insbesondere können diese Webseiten nachträglich verändert worden sein. Die jeweiligen Links sind deshalb mit dem letzten Zugriffsdatum gekennzeichnet.
Der Autor übernimmt ausdrücklich keinerlei Verantwortung für die Inhalte und das Sicherheitsgebaren der hier aufgeführten Webseiten und für die dort gegebenenfalls genannten weiterführenden Weblinks.

Text und Kernaussagen: Text und Kernaussagen sind die alleinige Meinung des Autors, auch wenn diese zwangsläufig eine geowissenschaftlich geprägte Sicht repräsentieren. Wo auch immer Fremdzitate im Text genutzt worden sind, wird auf eine entsprechende Quellenangabe im Literaturverzeichnis hingewiesen.
Der Autor erklärt ausdrücklich, keinerlei ideelle oder wirtschaftliche Förderung für diese Arbeit erhalten zu haben.

Abbildungen: Alle Abbildungen ohne Referenz hat der Autor selbst angefertigt; gegebenenfalls wird dort auf die Datenquelle hingewiesen. Fremde Abbildungen sind mit einem entsprechenden Verweis auf das Literaturverzeichnis gekennzeichnet.

Einbandfoto: Höfn auf Island   Uli Weber 1998

© 2012 Uli Weber

Alle Rechte vorbehalten, einschließlich elektronischer und neuer Medien. Einzige Ausnahmen bilden die gesondert gekennzeichneten Abbildungen 3, 5, 12, 15, 27, 28, 30 und 31, die selbst oder in ihrer Grundfassung gemeinfrei bzw. zur Weitergabe unter gleichen Bedingungen lizenziert sind:

Abb. 3: Klimaveränderungen in der Erdgeschichte, gemeinfrei aus Wikipedia, Autor: Schönwiese, Christian-Dietrich [17]

Abb. 5: Sauerstoffgehalt der Erdatmosphäre im Verlauf der letzten 1.000 Mio. Jahre, gemeinfrei aus Wikipedia, Urheber: LordToran [27]

Abb. 12 enthält: Thermohaline Circulation, Autoren Canuckguy et al., R. Simmon, NASA, R. A. Rohde, Miraceti, Freigegeben unter der „Creative Commons-Lizenz 3.0 Unported" (Namensnennung - Weitergabe unter gleichen Bedingungen) [37] **und** Earth Global Circulation, gemeifrei aus Wikipedia, Urheber: NASA [38]
Damit ist die Abbildung 12 dieses Buches ebenfalls unter der „Creative Commons-Lizenz 3.0 Unported" freigegeben.

Abb. 15: Das Klima in der geologischen Vorzeit, Autoren Koeppen und Wegener [41], gemeinfrei aus Wikipedia

Abb. 27 und 31: World production forecast aus Wikipedia [59] Autor Khebab of The Oil Drum, Freigegeben unter License CC-BY-2.5. (Namensnennung - Weitergabe unter gleichen Bedingungen).
Damit ist die Abbildung 31 dieses Buches ebenfalls unter der „Lizenz CC-BY-2.5" freigegeben.

Abb. 28 enthält: Oil Prices 1861-2007 aus Wikipedia [60] created by TomTheHand, Freigegeben unter der „Creative Commons-Lizenz 3.0 Unported" (Namensnennung - Weitergabe unter gleichen Bedingungen).
Damit ist die Abbildung 28 dieses Buches ebenfalls unter der „Creative Commons-Lizenz 3.0 Unported" freigegeben.

Abb. 30 enthält: Oil Prices 1970 – 2003, Autor: EIA, gemeinfrei aus Wikipedia [61]

Herstellung und Verlag:

Books on Demand GmbH, Norderstedt

ISBN: 978-3-84480-662-5

Bibliographische Information der Deutschen Nationalbibliothek:
Die Deutsche Nationalbibliothek verzeichnet diese Publikation in der Deutschen Nationalbibliografie; detaillierte bibliografische Daten sind im Internet über dnb.d-nb.de abrufbar.

Klimahysterie ist keine Lösung

Zusammenfassung

Der Traum von einem konstanten Weltklima ist Humbug, denn die einzige wissenschaftlich gesicherte Tatsache für das Klimageschehen auf unserer Erde in erdgeschichtlicher Zeit ist die ständige Veränderung! Möglicherweise steuern wir tatsächlich auf eine vom Menschen verursachte klimatische Warmzeit zu, aber bestimmt nicht auf eine Klimakatastrophe! Denn eine solche Warmzeit ist, in historischen Zeiträumen betrachtet, für bäuerliche Gesellschaften niemals von Nachteil gewesen. Dieses Buch stellt die Zwangsläufigkeit der befürchteten Klimakatastrophe in Frage und versucht, die Dimensionen der gegenwärtigen Panikmache in geologischen Zeiträumen zu relativieren. Der Problemfall, wenn er denn einer sein sollte, ist die ganze Erde und diese Erde müssen wir in ihrer fortlaufenden Entwicklungsgeschichte sehen. Diese Entwicklungsgeschichte entzieht sich aber völlig unserem persönlichen Erfahrungshorizont.
Überschlägige Berechnungen zeigen erhebliche Widersprüche in den Grundannahmen für eine Abhängigkeit unseres Klimas von CO_2 auf und weisen nach, dass sowohl unsere Befürchtungen als auch unsere klimapolitischen Zielsetzungen unrealistisch hoch sind. Die Gelder, die wir in den reichen Industrienationen für einen CO_2-Ablasshandel zu verbrennen bereit sind, könnten im Interesse der gesamten Menschheit viel vernünftiger und für eine bessere Zukunft aller Menschen auf dieser Erde eingesetzt werden.
Die natürlichen Schwankungen unseres Weltklimas zu höheren oder niedrigeren Temperaturen werden wir sowieso niemals verhindern können.

Inhalt

Zusammenfassung 7

Vorwort, Motivation, Widmung und Danksagung 11

Das Problem Klimakatastrophe 15

Das dynamische System Erde in Zeit und Raum 30
Übersicht (30) – Die geologische Entwicklung der Erde (32) – Die Klimageschichte der Erde (36) – Die Bedeutung von CO_2 für unser Klima (44) – Der Treibhauseffekt als Klimamotor unserer Erde (54) – Unser Sonnensystem und die Erde (61) – Die Jahreszeiten (69) – Langperiodische natürliche Klimaschwankungen (72) – Konsequenzen aus dem natürlichen Klimageschehen (76)

Der Mensch 80
Entwicklung des Menschen (80) – Beteiligung des Menschen am Klimageschehen (87) – Der antropogene CO_2-Dreisatz (91) – Der „logistische" Fußabdruck des Menschen (92) – Der menschliche Einfluss auf den natürlichen CO_2-Kreislauf (99)

Über die Ernsthaftigkeit unserer Klimaziele - eine Gesellschaftskritik 102

Konventionelle Energieträger 113
Holz (113) – Kohle (113) – Öl und Gas (114) – Atomenergie (114) – Über die Endlichkeit unserer natürlichen Ressourcen am Beispiel des globalen Ölfördermaximums (120)

Die alternativen Energien   **130**
Photovoltaik (130) – Windenergie (132) – Alternative Technologien und deren Auswirkungen auf die Umwelt (135) – Eine Hochrechnung für den Pro-Kopf-Verbrauch der Menschheit (138)

Die wesentlichen Ergebnisse dieser Betrachtung   **139**

Fazit   **145**

Perspektive   **164**

Anhang   **178**
Faktenvergleich (179) - Eigene Berechnungen (184)

Einige Erklärungen zu Begriffen und Fachausdrücken   **186**
Die hier aufgeführten Begriffe sind im Fließtext **fett** hervorgehoben

Liste der Abbildungen   **193**

Literaturverzeichnis   **194**

Das Gegenteil von „gut" ist „gut gemeint"! (Murphy?)

Vorwort, Motivation, Widmung und Danksagung

Wenn ich von den Segnungen eines einfachen, ökologischen Lebens höre und lese, dann entstehen in meiner Erinnerung immer die Bilder einheimischer Arbeiter in der Sahara: Sie waren damals so alt wie ich und erschienen mir älter, als ich heute mit 60 Jahren aussehe – und dazwischen liegen etwa 30 Jahre!
Was ist der Unterschied? Ganz einfach nur gesunde Nahrung, Gesundheitsvorsorge und ausreichend Energie zum Kochen und Heizen! Tun wir doch also bitte nicht so, als könnten Milliarden von Menschen auf dieser Welt bei einfacher, ökologischer Lebensführung das heutige Durchschnittsalter der Menschen in den Industrienationen erreichen! So ein einfaches und „ökologisches" Leben am Rande des Existenzminimums hat die Mehrheit der Weltbevölkerung nämlich schon! Das ist ein bisschen so wie auf der Titanic, wo die Passagiere der höheren Klassen auch eine bessere Überlebenschance hatten: Wir können unseren Überfluss leicht reduzieren, aber die gleiche Reduktion wäre der Tod für die Hungernden der Welt!

Dieses Buch widme ich meinen Kindern und Enkeln. Ich wünsche mir, dass wir unsere endlichen Ressourcen so sinnvoll einsetzen mögen, dass wir damit allen Kindern und Enkeln auf dieser Erde in der Zukunft ausreichend Nahrung und Energie zur Verfügung stellen können, um ihnen allen ein Leben in Gesundheit, Frieden und Wohlstand zu ermöglichen.

Die antiwissenschaftlichen Erklärungen aus den Reihen der Protagonisten einer Klimakatastrophe, die Diskussion über ebendiese Klimakatastrophe sei bereits abgeschlossen, haben mich mit ihrem absolutistischen Anspruch ausgesprochen ärgerlich gemacht. Ich zähle mich daher ausdrücklich zu denjenigen, die ein Ende der wissenschaftlichen Diskussion über die vermeintliche Klimakatastrophe nicht akzeptieren. In einem fast mittelalterlich zu nennenden intellektuellen Klima, wo die reißerische Wiederholung von Halbwahrheiten und Panik erzeugenden Katastrophenszenarien offenbar einen gesellschaftlichen Konsens erzeugt hat, der uns am Ende von der Lösung unserer wirklichen Probleme abhalten wird, halte ich die Veröffentlichung der hier dargestellten Zusammenhänge für wichtig.

Die Beschränkung der Klimabetrachtung auf die Zeit seit Beginn der Industrialisierung, die in etwa mit dem Ende der historisch belegten „kleinen Eiszeit" zusammenfällt, hat nämlich zwangsläufig zu dem Ergebnis geführt, unseren industriellen CO_2-Ausstoß als alleinige Ursache für einen möglichen Klimawandel anzusehen. Die natürlichen Schwankungen unseres Klimas in historischen und erdgeschichtlichen Zeiten zeigen aber eine ganz andere Perspektive auf!

Ich halte es daher für absolut notwendig, endlich auch den Kenntnisstand der Geowissenschaften in die öffentliche Diskussion um eine mögliche Klimakatastrophe einzubringen. Das Urteil, ob meine Mittel ausgereicht haben mögen, um die Problematik, in der unsere westliche Zivilisation momentan gefangen zu sein scheint, aus geowissenschaftlicher Sicht klar und schlüssig darzustellen, überlasse ich gerne dem geneigten Leser.

Ich danke Björn Lomborg, dessen Buch „Cool it" [1] mich dazu motiviert hat, hier meine eher geowissenschaftlich geprägte Sicht der Klimaproblematik niederzuschreiben. Anders als er aus seinem statistisch-ökonomischen Blickwinkel heraus kann ich dem Leser keine fundierten Lösungsansätze anbieten, sondern vielmehr nur den scheinbar gesicherten Erkenntnisstand in Frage stellen. Ich unterstütze aber auch aus meiner persönlichen Sicht seine Prioritätenliste für gesellschaftlich und wirtschaftlich sinnvolle internationale Maßnahmen [1] voll. Hans-Werner Sinn danke ich für die akribische Analyse und Darstellung der internationalen Vereinbarungen zum Handel mit CO_2-Emissionsrechten [2] und Michael Crichton [3] posthum für seine umfangreichen Recherchen zum Klimawandel und seine spitzen Thematisierungen der gesellschaftlichen Aspekte von Hochtechnologie und Welterlösungsdenken.

Mein Fazit: Wenn wir schon eine wirtschaftliche Grundlage benötigen, um in den Industrienationen für weltweit sinnvolle gesellschaftliche und ökologische Maßnahmen Geld einzutreiben, befürworte ich Lomborgs maßvolle CO_2-Steuer von 2 US$ pro Tonne [1]; dann allerdings mit Sinns Forderung [2] nach einer einheitlichen Besteuerung aller Energieträger und das auch nur, wenn mit diesen Mitteln ernsthaft ein Maßnahmenkatalog für eine bessere und gerechtere gemeinsame Welt für alle Menschen auf dieser Erde in Angriff genommen wird!
Es liegt in unserer Verantwortung, wie wir mit unserem Geld umgehen; ausgeben können wir es nur einmal.

Hamburg im März 2012　　　　　　　　Uli Weber

Das Problem Klimakatastrophe

Mutter Erde hatte sich in klimatisch günstigen Zeiten einstmals ein paar Säcke Kohle und ein paar Tonnen Erdöl in den Keller gestellt. Wir sind als neugierige Kinder darauf gekommen und verbrauchen diese Ressourcen jetzt ganz ungehemmt, was schließlich zu der besagten Klimakatastrophe führen soll.
Der Mensch braucht Energie, um in einer natürlichen Umwelt überleben zu können, um sich Nahrung, Kleidung, Gerätschaften und Unterkunft zu verschaffen. Der Mensch benötigt noch viel mehr Energie, wenn er bequem in einer hoch technisierten Welt leben und die Errungenschaften einer hoch entwickelten Gesundheitsvorsorge genießen will. Und die Erzeugung solcher Energiemengen verursacht dann als Verbrennungsrückstand unserer fossilen Energieträger Kohlendioxid (CO_2), das in die Atmosphäre entweicht. Seit Anfang der 80-er Jahre des vergangenen Jahrhunderts erschienen in den Medien vermehrt Berichte über eine mögliche Klimaerwärmung durch den industriellen Ausstoß von CO_2. In der Folge überschlugen sich dann die Schreckensmeldungen über Hochrechnungen, in denen eine starke Erwärmung unserer Erde durch den Anstieg des CO_2-Gehaltes unserer Atmosphäre vorhergesagt wurde. Klimaforscher befeuerten diesen Medienhype mit immer neuen Schreckensszenarien, wohl auch, um Forschungsgelder einzuwerben, und Politiker setzten auf dieses Thema, um Wählerstimmen zu binden. An den Schnittstellen zwischen Wissenschaft, Politik und Medien gingen aber die gemäßigten Klimaszenarien völlig verloren und damit fielen auch die positiven Klimaaspekte für unsere mittleren und höheren **Breiten** einfach aus der Diskussi-

on heraus. Die so geschaffene Klimakatastrophe fand sehr schnell Eingang in alle politischen Programme. Mathematisch ganz stark vereinfacht könnte man die Panikmache um unser Klimageschehen folgendermaßen darstellen:

$$K_{ww}(T) = K_n(T) + \text{Delta } K_h(T) \quad \text{(Gleichung 1)}$$

Wobei $K_{ww}(T)$ das weltweite Klima zum Zeitpunkt T sein soll, $K_n(T)$ wäre das „natürliche" Klima zu diesem Zeitpunkt und **Delta $K_h(T)$** der menschliche Beitrag zum Klimageschehen.

Die Schwierigkeiten, eine solche Funktion auf einer Kugel mit entgegengesetzt verlaufenden Jahreszeiten in den beiden **Hemisphären** überhaupt aufzustellen, wollen wir hier einmal vernachlässigen. In der öffentlichen Klimadiskussion wird das Weltklima ja schließlich auf eine einzige Durchschnittstemperatur reduziert. Das ist aber keine Naturkonstante, sondern ein künstlicher Zahlenwert, der sich überhaupt nur als statistische Definition ermitteln lassen dürfte. In Ermangelung jeglicher Aussagekraft eines solchen Durchschnittswertes für unser Weltklima müssen dann katastrophale Schreckensszenarien für eine populistische „Belebung" eben dieses Kunstwertes herhalten.
Der Weltklimarat (IPCC) hat jedenfalls ermittelt [4], dass der menschliche Eintrag in das Klimageschehen (dort „radiative forcing" genannt) 1,6 Watt pro Quadratmeter betragen soll. Nur zum Vergleich: Die Solarkonstante [5] beträgt 1367 Watt/Quadratmeter, das heißt, die Sonnenstrahlung liefert knapp tausendmal mehr Energie, als dieser menschliche Beitrag zum Klimageschehen. Damit entspräche der menschliche Beitrag zum Klimageschehen in etwa dem Einfluss des Sonnenfleckenzyklus auf unser Klima, der nach [6] kleiner als 1 Promille ist. Bereits der Einfluss

der **Exzentrizität** der Erdbahn um die Sonne liegt mit +3,4/-3,3 Prozent (in Summe knapp 7% **[5]**) bei etwa 90 W/m². Bei einem klimawirksamen Beitrag der Sonneneinstrahlung von etwa 65% (Erklärung ab Seite 54) übersteigt dieser Effekt den vom IPCC ermittelten menschlichen Beitrag zum Klimageschehen um mehr als das Dreißigfache. Nehmen wir aber einmal an, die Schwankungen der Sonneneinstrahlung durch den Sonnenfleckenzyklus und die Exzentrizität der Erdbahn wären bereits in einer Funktion für das natürliche Klimageschehen auf unserer Erde enthalten. Wünschenswert wäre offensichtlich ein natürliches Klima mit **Delta $K_h(T)=0$**, also ohne jeglichen menschlichen Einfluss:

$$K_{ww}(T) = K_n(T) \qquad \text{(Gleichung 2)}$$

Aber leider wäre unser Klima auch dann nicht konstant! Alle Klimaarchive unserer Erde, zum Beispiel die Eisbohrkerne der Vostok-Expedition **[7]**, zeigen natürliche Klimaschwankungen in der Größenordnung von etwa 10 Grad Celsius, in denen die Eiszeiten mit einem Temperaturrückgang von etwa -8 Grad Celsius gegenüber heute enthalten sind, aber auch Schwankungen in den interglazialen Warmzeiten von etwa +/-2 Grad gegenüber dem heutigen Temperaturmittel.

Die Funktion $K_n(T)$ für das natürliche Klimageschehen auf unserer Erde variiert über die Zeit also ganz grob um etwa -8 bis +2 Grad Celsius gegenüber dem aktuellen Mittelwert, und zwar ganz ohne jeden menschlichen Einfluss!

Damit müssen wir also feststellen, dass es auf unserer Erde ein konstantes natürliches Klima niemals gegeben hat und auch niemals geben wird!

Vor diesem Hintergrund ist es also auch gar nicht möglich, jeglichen Temperaturanstieg auf unserer Erde allein dem technischen CO_2-Ausstoss des Menschen zuzurechnen. Vielmehr erfordert die Ermittlung des menschlichen Einflusses auf das Klimageschehen unserer Erde zwingend die genaue Kenntnis des natürlichen Klimageschehens. Nur so wäre es überhaupt möglich, die Gleichung 1 auf den **antropogenen** Einfluss hin aufzulösen:

$$\textbf{Delta } \mathbf{K_h(T) = K_{ww}(T) - K_n(T)} \quad \text{(Gleichung 3)}$$

Schlimmer noch, die prognostizierte Klimakatastrophe basiert im Wesentlichen auf dem zukünftigen Anstieg des weltweiten CO_2-Ausstosses! Dabei gehen die Szenarien des IPCC [11] von einer Verdoppelung bis Vervierfachung unseres CO_2-Ausstosses im 21. Jahrhundert aus, was dann zu einem CO_2-Gehalt der Luft von 450 ppm bis 1.000 ppm führen soll. Wenn wir selbst dagegen vom antropogenen CO_2-Ausstoss sprechen, dann meinen wir alle immer unseren aktuellen CO_2-Ausstoss und beziehen darauf dann die hochgerechneten Katastrophenszenarien. In unseren Köpfen entsteht so ein selbstgemachter „Klimaschwindel", weil wir die prognostizierten Szenarien einfach falsch zuordnen! Vor dem Hintergrund der wirtschaftlichen Belastungen, die wir uns für Klimaschutzprogramme auferlegen, muss man aber zwingend fordern, dass die behaupteten klimatischen Zusammenhänge und Perspektiven für eine wissenschaftlich nicht ausgebildete Öffentlichkeit klar, schlüssig und nachvollziehbar dargestellt werden. Insbesondere sollten die Gesetzmäßigkeiten bei näherer Betrachtung dann auch zu dem prognostizierten Ergebnis führen. Und das scheint hier alles nicht der Fall zu sein!

Der Weltklimarat (IPCC) wurde 1988 gegründet und besteht jetzt seit mehr als 30 Jahren. Er hat sich allergrößte Verdienste bei der Verbreitung von Erkenntnissen über eine bevorstehende Weltklimakatastrophe erworben und wurde dafür im Jahre 2007 sogar mit dem Nobelpreis ausgezeichnet.

Bereits am 11. Dezember 1997 wurde das sogenannte Kyoto-Protokoll zum Schutze des Weltklimas von mehr als 160 Mitgliedsstaaten der Vereinten Nationen verabschiedet, aber bis heute nicht von allen Unterzeichnerstaaten ratifiziert, unter anderen auch nicht von den USA.
Dort ist eine Ratifizierung wohl auch deshalb unterblieben, weil, unbemerkt von der deutschen Öffentlichkeit, mehr als 30.000 amerikanischen Wissenschaftler ihre Regierung in einer Petition [8] aufgefordert hatten, das Kyoto-Protokoll nicht zu ratifizieren.
In einer Überprüfung der wissenschaftlichen Forschungsergebnisse ([9] - Originaltitel: *Summary of Peer-Reviewed Research*), wurden von den Organisatoren dieser Petition wissenschaftlich begründete Widersprüche zu den Veröffentlichungen des IPCC zusammengestellt.
In diesem Zusammenhang sei auch auf das Buch von Björn Lomborg „*Apocalypse No!*" [10] hingewiesen, in dem dieser eine statistische Inventur für unsere gesamte Erde und den Lebensstandard der Weltbevölkerung durchführt. Dort kommt er zu dem überraschenden Ergebnis, dass es immer mehr Menschen auf unserer Erde immer besser geht!

Inzwischen hat sich der IPCC ([4], [11]) allein mit der Masse seiner Veröffentlichungen zum globalen Meinungsführer für die prognostizierte Klimakatastrophe entwickelt. In einer kaum überschaubaren Zahl von Studien, die wohl kaum ein Politiker auf dieser Erde jemals vollumfänglich gelesen haben dürfte, wird aber nirgendwo die Trennung zwischen einer natürlichen und der von Menschen verursachten Klimaentwicklung wissenschaftlich schlüssig dargestellt. Schlimmer noch, dort werden sogar grundlegende Funktionen unseres natürlichen Klimaantriebs in einen **antropogenen** Klimaeinfluss umgedeutet.

Nachweis: (Vergleich von **[11]** - Abbildung SPM.4./ Nordamerika und **[9]** – Abbildung 3 – dazu auch Anhang 1).

Außerdem hat, unbemerkt von einer geängstigten (westlichen) Weltöffentlichkeit, die mediale Macht fundamentalistischer Katastropheneiferer die unabhängige Klimaforschung in gutmittelalterlicher Tradition weitgehend zum Schweigen gebracht und damit eine offene wissenschaftliche Diskussion über dieses Thema unterbunden. Ständige Wiederholungen von einseitigen Spekulationen über eine bevorstehende Klimakatastrophe haben am Ende zu einer glaubensähnlichen Gewissheit in der öffentlichen Wahrnehmung geführt.

Und viele, die es eigentlich besser hätten wissen müssen, haben selbst an dieser Panikmache teilgenommen oder dazu geschwiegen.

Schließlich ist diese öffentliche Panikmache an einer ganzen Berufsgruppe fast spurlos vorbeigegangen, die ganz erheblich zum Verständnis der Sachlage hätten beitragen können, nämlich an den Geowissenschaftlern. Die Variabilität des Weltklimas in geologischen Zeiten ist eine wissenschaftliche Tatsache, die durch keine demokratische Massenhysterie außer Kraft gesetzt werden kann!

Genauso wenig übrigens, wie die wissenschaftliche Diskussion über irgendein beliebiges Thema von irgendeiner Person oder Institution jemals für beendet erklärt werden kann. Eine solche Ungeheuerlichkeit ist zum letzten Male begangen worden, als Galileo Galilei von der Inquisition der reinen Lehre zum Schweigen gebracht worden ist!

Der Autor erklärt deshalb hier noch einmal ganz ausdrücklich, dass die wissenschaftliche Diskussion über die befürchtete Klimakatastrophe selbstverständlich gar nicht beendet werden kann! Denn die Wissenschaft ist frei, und zwar so frei, dass ein kleiner Angestellter eines Patentamtes die Welt der Physik aus den Angeln heben konnte [12] und ein Kaufmannsgeselle die Welt der Archäologie [13]. In der Wissenschaft gibt es kein „Ex-Cathedra" und niemand kann ein absolutes Wissen oder ein absolutes Urteil für sich in Anspruch nehmen! Wissenschaft ist reine Basisdemokratie, denn die Anforderungen an wissenschaftliches Arbeiten sind für alle Wissenschaftler gleich. Bei wissenschaftlich erzielten Ergebnissen geht es grundsätzlich nicht um den Beweis für irgendeine vorgefasste Meinung durch eine Reduzierung der wissenschaftlichen Basisdaten, sondern um eine klare Reproduzierbarkeit der jeweiligen Ergebnisse auf Basis des aktuellen Kenntnisstandes der jeweiligen Fachgebiete!

In den aktuellen Darstellungen zur Klimakatastrophe werden aber Hinweise auf die generelle Variabilität unseres Klimageschehens meist verschleiert oder marginalisiert. Die im Rahmen der Klimaszenarien veröffentlichten Temperaturreihen des IPCC [11] reichen für gewöhnlich nur bis zum Ende der kleinen Eiszeit (etwa 1850) zurück. Weiterführende Statistiken existieren dort zwar auch, sind dann aber in irgendwelchen Fachveröffentlichungen oder Sammlungen von Abbildungen (ohne ausreichende Erklärung für den wissenschaftlichen Laien) versteckt. Insbesondere fehlt in den Darstellungen des IPCC jeglicher Hinweis darauf, wie denn überhaupt die Trennung von natürlichen und **antropogenen** Klimaveränderungen erfolgt sein soll. Vielmehr definiert der IPCC den antropogenen Klimaeintrag als einen zusätzlichen Strahlungsbeitrag zu einem vorindustriellen Basiswert und rechnet daraus dann die zukünftige Klimakatastrophe hoch. Bei einer solchen Vereinfachung wird aber nicht nur die natürliche Schwankung unseres Klimas ausgeklammert. Diese Betrachtung setzt auch zwingend voraus, dass der Wärmeeffekt der antropogenen Treibhausgase als zusätzlicher Nettoeffekt bisher nicht schon ganz oder teilweise in der Erdatmosphäre umgesetzt worden ist.

Der antropogene Treibhauseffekt ist nämlich gar kein echter zusätzlicher Energieeintrag, sondern nur ein möglicher Sekundäreffekt auf Basis der bereits bestehenden natürlichen Sonneneinstrahlung. Spencer und Braswell [14] setzen bei diesem „radiative forcing" an und weisen anhand von Satellitendaten nach, dass die gegenwärtig benutzten Klimamodelle bei der Simulation dieses Effektes grob fehlerhaft aufgebaut sind.

Es gibt also eine ganze Menge fundierte Widersprüche, aber trotzdem ist die Klimakatastrophe heute für uns alle eine gesicherte Tatsache! Aber warum ist sie das? Sind die Klimamodelle inzwischen so perfekt geworden, dass sie in der Lage sind, das Weltklima fehlerlos vorwärts und rückwärts zu simulieren?

Nein, aber wir wurden jahrzehntelang mit immer den gleichen Argumenten indoktriniert, bis die Klimakatastrophe schließlich Eingang in das Alltagswissen einer politischen Mehrheit in den westlichen Industrienationen gefunden hat! Alltagswissen besteht in demjenigen Wissen, das routinemäßig und unreflektiert unser Verhalten steuert: Wasser ist nass, Feuer ist heiß und man überquert eine Straße nicht, ohne sich vorher zu vergewissern, dass kein Auto kommt. Und schließlich ist inzwischen eine ganze Generation mit dem Dogma dieser Klimakatastrophe aufgewachsen!
Kommt Ihnen ein solcher Ablauf nicht irgendwie bekannt vor? Richtig, in den 90-er Jahren des vergangenen Jahrhunderts fingen die Anti-Raucher Kampagnen an. Schon damals wusste zwar jeder, dass Rauchen nicht gesund sein konnte, aber ein eindeutiger wissenschaftlicher Nachweis dafür konnte nie erbracht werden. Deshalb gab es schließlich eine Art Gleichgewichtszustand zwischen Rauchern und Nichtrauchern. Ein solcher wissenschaftlicher Nachweis spielte dann ab Anfang 2000 aber gar keine Rolle mehr, sondern die Raucher wurden plötzlich gesellschaftlich immer weiter ausgegrenzt. Was war geschehen? Eine neue Generation war erwachsen geworden und hatte den latenten Widerstand gegen das Rauchen ganz einfach internalisiert. Die anhaltende Wiederholung von **Paradigmen** über das Aufwachsen einer ganzen Generation hinweg schafft also offenbar Wahrheiten, die am Ende gar nicht mehr hinterfragt werden!
Es sei an dieser Stelle die Frage gestattet, was eigentlich aus unseren übrigen Ängsten geworden ist: Waldsterben, Ozonloch, Feinstaub und Asbest, Dioxin, Vogelgrippe, Elektrosmog, Gentechnologie, Radioaktivität ...

Und inzwischen glauben wir also an eine bevorstehende globale Klimakatastrophe. Wir „glauben"!
Die deutsche Sprache kann doch manchmal sehr entlarvend sein! Glaube hat etwas mit Religion zu tun, mit einem psychologisch-menschlichen Vertrauen über die rein wissenschaftlich beweisbaren Vorgänge und Tatsachen hinaus. Und so ist es auch mit der Klimakatastrophe, denn wissenschaftlich beweisbar ist sie nicht! Aber wir sind trotzdem bereit, uns den volkswirtschaftlichen Anstrengungen zur Vermeidung einer solchen Klimakatastrophe zu unterwerfen, und zwar in dem guten Glauben, dass sie dann nicht eintreten würde!
Und wir vergessen dabei eine ganz wichtige Tatsache: Unsere Erde selbst unterliegt einer ständigen Veränderung wie jedes lebendige System. Diese Vorgänge sind aber in ihren zeitlichen Dimensionen für uns persönlich gar nicht erkennbar!
Ein Vergleich: Nehmen wir einmal an, unsere Erde sei gerade volljährig geworden, also 18 Jahre alt. In dieser Relation existiert der moderne Mensch dann erst seit 13 Stunden und 43 Minuten und ein 80-jähriger Mensch hätte gerade einmal 10 Sekunden gelebt. Wir halten uns also an unseren persönlichen Erfahrungen und Erinnerungen fest, die im Vergleich zu einer Erdgeschichte von 18 Jahren knapp eine Sekunde pro Lebensjahrzehnt ausmachen und bewerten, konservative Lebewesen, die wir nun einmal sind, jede Veränderung auf unserer Erde als „unnatürlich"!
Dabei sind wir Eintagsfliegen, die auf der Haut einer kochenden Suppe hocken und über die Gezeiten theoretisieren, denn unsere Erde lebt: Kontinentale Platten rasen mit der unvorstellbaren Geschwindigkeit von mehrerer Zentimetern pro Jahr aufeinander zu, schieben dabei gewaltige

Gebirge auf und überfahren gleichzeitig ozeanische Kruste, die sich in den ozeanischen Rücken ständig neu bildet. Wohlgemerkt, das passiert gerade jetzt, hier und heute! Durch diese aktuellen geologischen Vorgänge unterliegen Meeresströmungen und Klimazonen auf der Erde einem ständigen und für uns in unserer Lebenszeit unmerklichen Wandel; und damit verändert sich auch ständig der von uns ganz egoistisch als konstant angesehene Gleichgewichtszustand unserer Erde und damit auch unseres Klimageschehens. Das Einzige, was wir von diesem Wandel mitbekommen, sind Erdbeben, **Tsunamis** und Vulkanausbrüche; sie sind das „Knacken" im Kaminfeuer der Erde. Wir sind zu Recht schockiert im Angesicht solcher Katastrophen und des Elends, das sie auslösen. Darüber wird dann aber leicht vergessen, dass dies die Lebensäußerungen unseres lebendigen Planeten sind, jedenfalls die einzigen, die wir in der uns zugestandenen Lebenszeit persönlich erleben werden.

Durch den gezielten Verbrauch fossiler Energieträger liefert der technisierte Mensch seit etwa zwei Jahrhunderten einen messbaren Eintrag in die Zusammensetzung der Erdatmosphäre. Ob dadurch das Klima auf der Erde wirklich verändert wird und wenn ja, in welcher Größenordnung, ist auch deshalb letztlich heute noch völlig ungeklärt, weil wir die unterlegten natürlichen Klimaschwankungen und deren Ursachen bis heute weder genau genug kennen noch vorhersagen können. Deshalb müssen letztlich alle Klimamodelle von einem konstanten natürlichen Gleichgewicht ausgehen, das so in geologischen, ja selbst in historischen Zeiten, niemals existiert hat. Diese Modelle antizipieren daher auch bestenfalls den **antropogenen**

Einfluss auf einen willkürlich definierten klimatischen Anfangszustand, die gleichzeitige natürliche Weiterentwicklung dieses Anfangszustandes selbst bleibt dagegen völlig unberücksichtigt oder muss sogar zur Bestätigung möglicher Schreckensszenarien herhalten. Und eine unmaßstäbliche Verzerrung von Klimadiagrammen zu „Hockeyschlägerkurven" mag zwar die Ablesegenauigkeit von Einzelwerten verbessern, ist aber als Beweis für die postulierte Klimakatastrophe wenig geeignet und dient daher eher zur Unterstützung der medialen Panikmache.

Selbstverständlich heißt das nicht, dass wir einfach so weitermachen sollten wie bisher! Unser „menschlicher Fußabdruck", der Abdruck von Milliarden von Einzelindividuen, muss schon allein deshalb minimiert werden, weil unsere globalen Ressourcen endlich sind und sich diese immer mehr Menschen teilen müssen. Und da die Bevölkerungsentwicklung auf unserer Erde tatsächlich einer Hockeyschläger-Kurve entspricht, müssen auch alle menschlichen Aktivitäten eine Hockeyschläger-Kurve abbilden! Die Frage ist also nicht ob, sondern wie ein Umdenken erfolgen soll, und da macht eine monokausale Panikmache mit dem alleinigen Ziel einer CO_2-Minimierung um jeden Preis in den entwickelten Industrieländern wenig Sinn. Wir sitzen hier auf den glücklichen, weil hoch industrialisierten Inseln, und es mag uns momentan wenig ausmachen, einen Teil unseres Bruttosozialproduktes nutzlos für einen klimatischen Ablasshandel zu verbrennen. Aber wir denken dabei nicht wirklich global, weder an die Schwellenländer, die sich solche Maßnahmen bei steigenden Bevölkerungszahlen weder leisten wollen noch können und auch nicht an die ganz Armen in der Dritten Welt, deren dünne Nahrungsgrundlage bei uns inzwischen ganz egoistische Begehrlichkeiten für die profane Produktion von Ökotreibstoffen weckt. Wir hier auf den glücklichen Inseln der Industriestaaten wollen uns also mit nahezu religiösem Eifer ein gutes ökologisches Gefühl verschaffen und vergeuden dabei die wirtschaftlichen Ressourcen, die wir eigentlich in unserer Verantwortung für die Lösung der Probleme der Welt als Ganzes einsetzen müssten. Kann es vielleicht eine Art von Egoismus der reichen Nationen sein, für dieses gute Gefühl lieber ihr „eigenes Ding" mit einem minimalen Beitrag zum künftigen Weltklimageschehen durchzuziehen, anstatt diese hier und heute vorhandenen und einsetzbaren finanziellen Mittel denjenigen verfügbar zu machen, die sie dringend benötigen, um die wirklichen Geißeln der Menschheit erfolgreich zu bekämpfen? Wir klammern die Atomkraft von vorn herein aus unserer Diskussion über die zukünftige Energiegewinnung aus und wollen natürlich auch keine weiteren Kohlekraftwerke mehr bauen. Aber wir wollen unseren Energiebedarf auch nicht wirklich reduzieren, sondern ihn lieber voll durch erneuerbare Energien ersetzen. Dabei glauben wir tatsächlich, diese „erneuerbaren" Energien Sonnenlicht und Wind seien uns wertfrei gegeben und in unbegrenzter Menge verfügbar, wir müssten nur die notwendigen Technologien entwickeln.

Das Ergebnis: Wir haben Angst vor einer Klimakatastrophe, die sich bisher nur in begrenzten Computerhochrechnungen abspielt, meinen aber gleichzeitig, unseren Energiebedarf künftig ungestraft aus dem Klimamotor unserer Erde entnehmen zu können. Wir spalten bei unseren egoistischen und panischen Reaktionen auf die vorhergesagte Klimakatastrophe die existenziellen Probleme der Dritten Welt genauso ab wie die Tatsache, dass die Schwellenländer bei ihrer weiteren industriellen Entwicklung vermehrt auf Kohle als Energieträger zurückgreifen werden, wie Ganteför [15] in seinem Buch nachweist. Und allein dadurch dürften unsere Anstrengungen zur Reduzierung des CO_2-Ausstoßes so schnell verpuffen, wie ein Wassertropfen auf einem ganz heißen Stein.

Wir hier in den reichen Industrienationen haben uns zu einer Art mittelalterlichem Hofstaat mit einer Endzeitpsychose entwickelt, der mit den wirklichen Problemen der Bevölkerungsmehrheit auf dieser Erde nichts, aber auch gar nichts mehr zu tun hat. Wir müssen umdenken, wir auf den glücklichen Inseln müssen endlich Verantwortung übernehmen und wir müssen uns den wirklichen Problemen unserer Welt und ihrer Menschen stellen. Dazu gehört es auch, den Menschen in den Schwellenländern und der Dritten Welt eine unabhängige und ausreichende Lebensgrundlage zu ermöglichen!

- Entwicklungshilfe ist nicht die schnelle Reaktion von Hilfsorganisationen aus den Industrieländern auf Katastrophen in der Dritten Welt.

- Entwicklungshilfe ist nicht die Weitergabe subventionierter Nahrungsmittel aus westlicher Überproduktion an Not leidende Mitmenschen in der Dritten Welt, deren eigener Nahrungsmittelproduktion damit jegliche Grundlage entzogen wird.

- Entwicklungshilfe ist nicht die Ausbildung von Menschen aus der Dritten Welt in den Industrieländern, um sie später mit einer „Greencard" von dem Entwicklungsprozess ihrer Heimatländer abzuspalten.

Eine wirkliche Entwicklungshilfe muss vielmehr die Menschen in der Dritten Welt in die Lage versetzen, ihre Probleme selber zu lösen und das heißt in erster Linie, dort einen vergleichbaren Lebensstandard zu schaffen! Wir müssen deshalb aufhören, unseren Status gegenüber einer ärmeren Weltbevölkerung aufrecht zu erhalten, indem wir unsere wirtschaftlichen Ressourcen lieber selbst in einem künstlichen CO_2-Wahn verbrennen und dadurch eine Umverteilung eben dieser Mittel verhindern.

Können wir uns also im Angesicht von Millionen Hungernden auf dieser Welt und in Anbetracht der Endlichkeit unserer finanziellen Ressourcen einen CO_2-Ablasshandel moralisch und wirtschaftlich wirklich leisten?

Die Antwort heißt eindeutig NEIN!

Die Erkenntnisse der Geowissenschaften über die Klimageschichte unserer Erde lassen die gegenwärtige Diskussion um eine mögliche Klimakatastrophe in vielen Punkten als einen rein statischen Ansatz zur Erhaltung eines als konstant definierten Weltklimas erscheinen. Einen solchen statischen Zustand hat es in der Klimageschichte unserer alten, immer noch höchst dynamischen Erde aber niemals gegeben.
Es erscheint daher wichtiger denn je, die geowissenschaftlichen und erdgeschichtlichen Dimensionen unseres Weltklimas in die Diskussion über die prognostizierte Klimakatastrophe einzubringen.

Das dynamische System Erde in Zeit und Raum

Übersicht

Die Entwicklung unserer Erde war mit dem Auftauchen des Menschen nicht plötzlich abgeschlossen, sondern setzt sich weiter fort. Denn wir sind in ein lebendiges System hinein geboren worden, das bereits etwa 4,6 Milliarden Jahre alt ist.

Das sind 4.600.000.000 Jahre!

Man kann es kaum besser ausdrücken, als auf der letzten Schautafel eines geologischen Lehrpfades in den Foothills der Rocky Mountains bei Denver (Colorado), nachdem man die geologischen Formationen vom Erdaltertum bis zur Gegenwart durchquert hat (*der Autor zitiert aus der Erinnerung*): „*Dieser Blick auf das Tal von Denver ist nur eine Momentaufnahme in der geologischen Entwicklungsgeschichte unserer Erde und wird sich in den nächsten Jahrmillionen vollständig verändern*".

Eine solche Momentaufnahme können wir nicht festhalten, auch wenn uns ihr Anblick lieb und teuer geworden ist. Die Veränderungen und Klimaschwankungen, denen unsere Erde im Laufe ihrer bisherigen Entwicklung bereits unterworfen gewesen ist, sind aus unserem persönlichen Erleben heraus völlig unvorstellbar. Und dieser Prozess wird sich weiter so in die Zukunft fortsetzen, von uns in unserer persönlichen Lebenszeit eher unbemerkt.
Unsere Erde ist also bereits ca. 4,6 Milliarden Jahre alt, aber der moderne Mensch existiert erst seit 400.000 Jah-

ren. Mit seinen älteren Entwicklungsstufen seit der Abspaltung unserer Linie von den gemeinsamen Vorfahren mit den Primaten werden es insgesamt etwa 2 Millionen Jahre sein. Schon diese kurzen geologischen Zeiträume sprengen jede menschliche Vorstellung.

Wenn wir, im maßstäblichen Sinne, mit unseren persönlichen Erfahrungen pro Jahrzehnt etwa eine Sekunde einer Erdgeschichte von 18 Jahren überblicken, dann können wir aus dieser Erfahrung heraus überhaupt nichts über Vergangenheit und Zukunft unserer Erde und ihren Klimaverlauf aussagen; und natürlich auch keine Bewertung über die Gegenwart abgeben. Aber vor unserem persönlichen Erfahrungshintergrund versuchen wir dann trotzdem, die aktuellen Geschehnisse auf unserer Erde zu erklären und vielleicht sogar aktiv zu beeinflussen. Ersteres ist eher naiv; Letzteres ist zumindest tollkühn, wenn nicht sogar dumm!

Wir können anstelle eigener Erfahrungen also bestenfalls Hochrechnungen anhand von sogenannten **Klimaproxis** durchführen. Dazu müssen wir dann aber auch ausreichend große Zeiträume betrachten, die alle unsere natürlichen Klimafaktoren mit einbeziehen. Wir dürfen uns in unseren Klimabetrachtungen also nicht auf zu kurze Zeitabschnitte beschränken, sonst machen wir Fehler. So fallen zum Beispiel der Beginn der Industrialisierung und das Ende der „kleinen Eiszeit" zeitlich in etwa zusammen. Beides könnte den seither gemessenen weltweiten Temperaturanstieg von etwa einem Grad Celsius verursacht haben. Aber welcher Anteil davon ist nun natürlich und welcher **antropogen**?

Die geologische Entwicklung der Erde

Vielleicht sollten wir zunächst einmal die Geschichte von Mutter Erde kennen lernen, um uns wirklich ein Urteil bilden zu können!

In Abbildung 1 ist die gesamte Erdgeschichte dargestellt. Das Alter der Erde mit 4,6 Milliarden Jahren entspricht dabei der gegenwärtigen gesicherten Lehrmeinung, auch wenn neuere wissenschaftliche Theorien zu einem noch höheren Alter für unsere Erde kommen.

Im Verlauf des Erdaltertums entwickelten sich zunächst erste einzellige Lebensformen wie Bakterien und Algen bis hin zu mehrzelligen Lebewesen. Die eigentliche Entwicklung der Biosphäre begann dann im Kambrium vor ca. 550 Millionen Jahren. Das Kambrium ist in Abbildung 1 der erste andersfarbige Streifen unter dem türkisfarbenen Erdaltertum.

Wenn wir das untere Ende der bunten Säule betrachten, so endet der darstellbare Teil mit den Erdzeitaltern Kreide, Paläogen und Neogen. Das Quartär, in dem sich die Abspaltung unserer Linie Sapiens von ihren tierischen Vorfahren vollzogen hat und das Erscheinen des modernen Menschen vor ca. 400.000 Jahren werden in diesem Maßstab noch nicht einmal sichtbar.

Die bunt dargestellten Erdzeitalter in Abbildung 1 stellen also denjenigen Teil der Erdgeschichte dar, in dem die Erde eine Biosphäre aus höherem Leben besitzt. Dieser Teil macht gerade einmal ca. 12 Prozent der gesamten Erdgeschichte aus. Es ist der Teil, über den wir geologisch am besten Bescheid wissen.

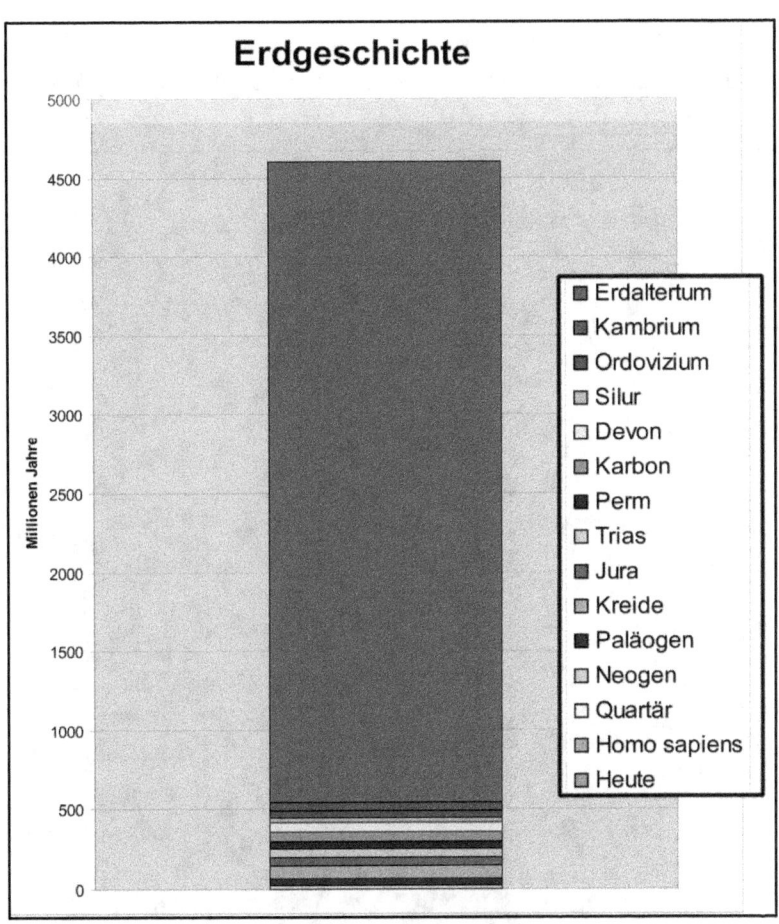

Abb. 1: Die Erdgeschichte in Millionen Jahren

Auf dieser Abbildung können wir an der Basis der Zeitsäule also gerade noch das Neogen identifizieren. Die Stammesgeschichte des Menschen ist viel zu kurz, um sie in einem Zuge mit der gesamten Erdgeschichte darstellen zu können. Wir müssen deshalb noch viel weiter ins Detail gehen (Abbildung 2), um unsere Menschheitsgeschichte und die Erdgeschichte optisch überhaupt verknüpfen zu können.

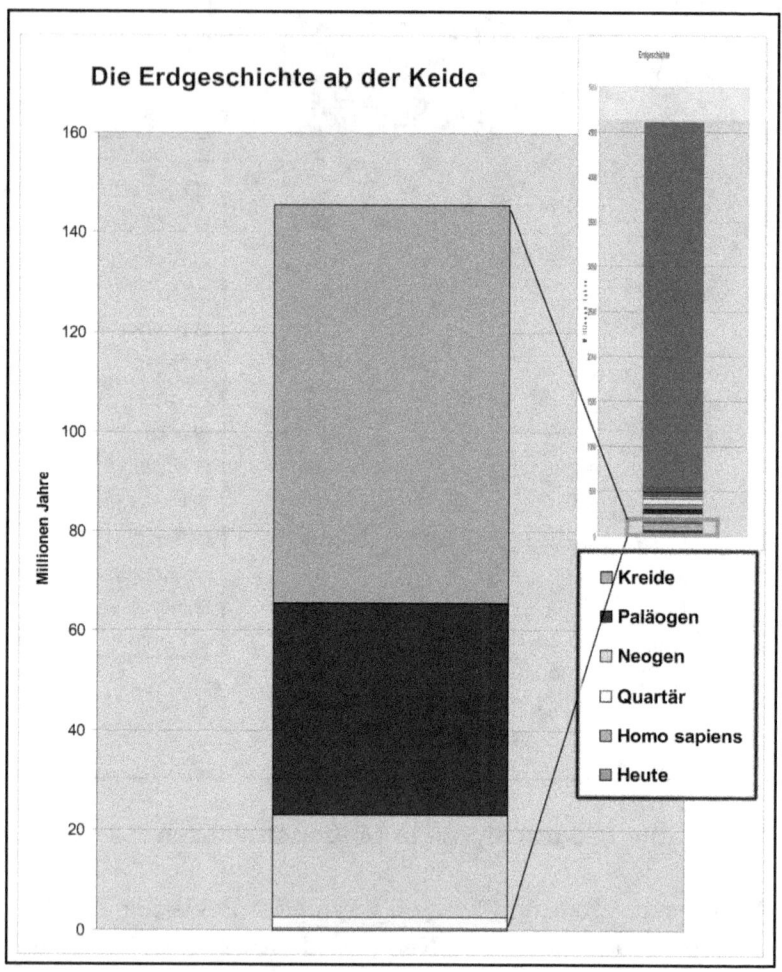

Abb. 2: Die Erdgeschichte seit der Kreide – die Menschheitsgeschichte wird gerade sichtbar

In Abbildung 2 sind nur die Erdzeitalter seit der Kreide dargestellt (roter Ausschnitt in der Zeitskala). In der vorigen Abbildung endete der sichtbare Teil der bunten Säule mit dem hellblauen Neogen. In Abbildung 2 kann man jetzt auch noch das Quartär und einen grünen Strich an der Basis dieser Säule erkennen. Im Quartär fand die Abspaltung unserer Linie von unseren tierischen Vorfahren statt und der grüne Strich an der Basis der Säule stellt die gesamte Existenz des modernen Menschen dar. Der Zeitraum unserer historischen Überlieferungen oder gar unsere technische Zivilisation ist in diesem Maßstab immer noch nicht sichtbar.

Und dann werden uns, zum Beispiel vom Weltklimarat IPCC, als Beweis für die erwartete Klimakatastrophe globale Klimastatistiken [11] gezeigt, die erst am Ende der „kleinen Eiszeit" um 1850 beginnen! Köppen und Wegener ([16] – hier S.73, Abb.15) hatten dagegen bereits im Jahre 1924 Klimadaten für einen Zeitraum von 650.000 Jahren veröffentlicht, was immerhin mehr als dem grünen Streifen an der Basis der Zeitsäule in Abbildung 2 entspricht.

Der aktuelle Beweis für die befürchtete Klimakatastrophe besteht also in einer Zusammenführung von zwei über einen sehr kurzen Zeitraum parallel ansteigenden Messreihen, nämlich dem industriellen CO_2-Ausstoß und einem gemessenen Anstieg der Durchschnittstemperaturen. Das einzig sichere an einer solchen Konstruktion aber ist die Tatsache, dass beide Werte eben zeitgleich ansteigen und daher auch irgendwie **korrelieren** müssen. Ein Beweis für den ursächlichen Zusammenhang zwischen den beiden Messgrößen CO_2 und Temperatur ist das aber nicht!

Die Klimageschichte der Erde

Was unser persönliches Erfahrungswissen angeht, auf das wir unser Urteil über eine mögliche Klimaveränderung gründen, so hat dieses Erfahrungswissen im Rahmen der Erdgeschichte also überhaupt keine Relevanz.

Dabei hat der Mensch das Gesicht der Erde verändert, seit er vom Hirten zum Bauern wurde, was nach gängiger Auffassung nach der letzten Eiszeit in **Mesopotamien** geschehen sein soll.
Seither hat der Mensch immer stärker in natürliche Abläufe eingegriffen und in seinen Siedlungsgebieten das natürliche Gleichgewicht durch ein „kulturelles" Gleichgewicht ersetzt. Dieses kulturelle Gleichgewicht steht in ständigem Konflikt mit dem natürlichen Gleichgewicht und benötigt zu seiner Aufrechterhaltung die ständige aktive Fürsorge des Menschen.

Wenn wir uns in Abbildung 3 einmal den Verlauf des Weltklimas über die Erdgeschichte ansehen, dann stellen wir fest, dass wir, absolut gesehen, am Ende einer Kaltzeit leben.
Unsere gegenwärtige Zwischeneiszeit oder Warmzeit ist in diesem Zeitmaßstab gar nicht darstellbar.
Wir können aber auch feststellen, dass es über den größten Teil der Erdgeschichte überhaupt keine Vereisungen auf unserer Erde gegeben hat. Erst in der jüngeren Erdgeschichte gibt es dann seit etwa einer Milliarde Jahren bis heute offenbar einen permanenten und natürlichen Wechsel zwischen Warm- und Kaltzeiten.

Mit diesen Erkenntnissen sollten sich zumindest die ständigen Hinweise auf das aktuelle Abschmelzen von Gletschern als Beweis für den Beginn einer Klimakatastrophe relativieren lassen.

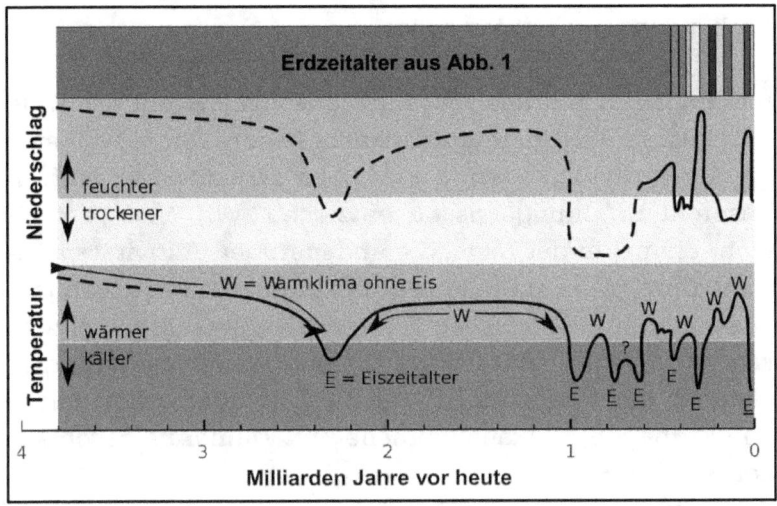

Abbildung 3: Klimaveränderungen in der Erdgeschichte aus Wikipedia **[17]**

Wie schon gezeigt wurde, ist unsere Erde so alt, dass in einem relativen Vergleich zu 18 Jahren Erdgeschichte ein 80-jähriger Mensch gerade einmal zehn Sekunden gelebt hätte. Unser persönliches Erfahrungswissen spielt also in Bezug auf die Erdgeschichte und die hier dargestellte Klimaentwicklung überhaupt keine Rolle.

Aber der Mensch ist konservativ!

Unsere persönliche Erfahrung prägt unser Verhalten, was in der menschlichen Evolution sicherlich auch von Vorteil gewesen ist. Dieser Konservativismus erlaubt es uns, Handlungsschemata zu entwickeln, abzuspeichern und sie in Not- oder Gefahrensituationen dann einfach und ohne nachzudenken ablaufen zu lassen.

Bei einer Betrachtung des Klimageschehens auf der Erde hilft uns ein solcher Automatismus leider wenig, weil sich die Gesetzmäßigkeiten in zeitlichen Dimensionen einfach unserem Erfahrungswissen entziehen. Wir sind ja noch nicht einmal in der Lage, die andauernden Aktivitäten unserer Erde, wie zum Beispiel die Kontinentalverschiebung, aus unserem persönlichen Erleben heraus wahrnehmen zu können. Deshalb müssen wir unsere persönlichen Eindrücke von einer aktiven Erde auf katastrophale Ereignisse wie Erdbeben, Vulkanausbrüche und **Tsunamis** beschränken.

Schlimmer noch, in den Medien wird immer wieder über technische Maßnahmen berichtet, mit denen schlaue Leute die befürchtete Klimakatastrophe abwenden wollen. Danach sollen einfach irgendwelche reflektierenden Substanzen in die hohe Atmosphäre verbracht werden, um bereits dort einen Teil der Sonnenstrahlung zu reflektieren und damit den Treibhauseffekt hier auf der Erde zu vermindern.

Solche wahnwitzigen Ideen kann man in Anlehnung an ein Zitat von Michael Crichton [3.1] nur als „dünntelligent" bezeichnen, vergleichbar zum Beispiel mit der genialen Idee, die **Aga-Kröte** in Australien einzuführen.

 [18]

An einem System herumzupfuschen, das wir nicht genau genug kennen, das wir kaum korrekt beschreiben und schon gar nicht vollständig simulieren können, würde unübersehbare Gefahren für die gesamte Menschheit und den Lebensraum Erde beinhalten. Und – wer macht sich eigentlich Gedanken darüber, wie man den ganzen Kram später wieder aus der hohen Atmosphäre herausbekommen könnte, wenn sich denn zufällig ein gegenteiliger „Erfolg" einstellen sollte?

Wir sollten Mutter Erde also mit deutlich mehr Demut gegenüber treten und erst einmal versuchen, ihre ganze Geschichte zu verstehen!

Im Unterschied zu Veröffentlichungen des IPCC (Weltklimarat) versucht das vorliegende Buch, einen direkten Zusammenhang zwischen dem aktuellen Klimageschehen und dem Klimaverlauf in der Erdgeschichte, dem **Paläoklima**, herzustellen.
Der Weltklimarat zeigt, zum Beispiel in seiner Veröffentlichung für Entscheidungsträger [11], als Übersicht über das Klimageschehen auf unserer Erde lediglich die Konzentration der Treibhausgase für die vergangenen 12.000 Jahre ohne jegliche Temperaturangaben. Die nachfolgenden Temperaturreihen für die eigentliche Klimadiskussion werden dann auf die Jahre ab 1850 (Ende der „kleinen Eiszeit") und später sogar ab 1900 und 2000 beschränkt.
Wenn es aber nach der mittelalterlichen Warmzeit nachweislich eine Kälteperiode (Stichwort „kleine Eiszeit") gegeben hat, dann wäre nach deren Ende um 1850 tatsächlich eine natürliche Klimaerwärmung zu erwarten.

Eine solche Einschränkung der zeitlichen Betrachtung erscheint daher, wissenschaftlich gesehen, höchst fragwürdig, insbesondere auch deshalb, weil es sich bei dem oben zitierten Werk ausdrücklich um eine Zusammenfassung für Entscheidungsträger handelt.

Kompetente Entscheidungen erfordern grundsätzlich einen vollständigen Überblick über die jeweilige Problemstellung, damit am Ende überhaupt eine qualifizierte Lösung gefunden werden kann.

Der Blick auf unser Weltklimageschehen vom Allgemeinen zum Speziellen wird vom IPCC hier aber auf den Zeitraum seit Ende der letzten Eiszeit eingeschränkt. Seine eigentlichen Temperaturkurven beginnen dort erst 1850 und stellen demzufolge im maßstäblichen Vergleich gerade einmal 20 Sekunden einer 18-jährigen Erdgeschichte dar!

Der Betrachter könnte jetzt argumentieren, eine solche Einschränkung täte doch nichts zur Sache, wenn es tatsächlich weltweit wärmer wird.
Aber stellen Sie sich einfach einmal einen Tunnel vor, der eine große Kurve beschreibt, so dass man von seiner Mitte aus weder den Eingang noch den Ausgang sehen könnte. Wenn Sie jetzt von dort aus mit einer Taschenlampe den Verlauf dieses Tunnels ausleuchten würden, könnten Sie aus dieser Information keinerlei Aussage über Ihre Lage in Bezug auf Eingang und Ausgang des Tunnels treffen. Mutmaßungen wären Tür und Tor geöffnet und Sie könnten sogar befürchten, dass dieser Tunnel überhaupt keinen Ausgang hat! Um Ihren Standort im Tunnel bestimmen zu können, würden Sie also wenigstens eine Informa-

tion über die Gesamtlänge des Tunnels benötigen und müssten die Strecke kennen, die sie bereits im Tunnel zurückgelegt haben. Und wir glauben wirklich, ohne die Einbeziehung der natürlichen Schwankungen unseres Klimas in erdgeschichtlichen Zeiten eine Klimakatastrophe vorhersagen zu können?

Man kann mit Sicherheit davon ausgehen, dass die meisten Menschen weder eine geowissenschaftliche Vorbildung besitzen, noch, dass die Geowissenschaften zu ihren bevorzugten Hobbies gehören. Daher muss man davon ausgehen, dass die übliche Art der Darstellung für das weltweite Klimageschehen bei den verantwortlichen Politikern und bei den interessierten Mitbürgerinnen und Mitbürgern zu der absurden Vorstellung einer Klimakonstanz auf unserer Erde geführt haben dürfte, die nur dann und wann durch die hinlänglich bekannten Eiszeiten unterbrochen worden ist.

Und die Beschränkung der relevanten Statistiken auf den Zeitraum seit der Industrialisierung, deren Beginn in etwa mit dem Ende der „kleinen Eiszeit" zusammenfällt, muss dann natürlich zwangsläufig zu einer Fokussierung auf den industriellen CO_2-Ausstoß führen.

Vom IPCC werden abweichende Erkenntnisse offenbar nicht hinreichend gewürdigt, obwohl der IPCC auf seiner Homepage (*Organization*) selbst den Anspruch erhebt, eine wissenschaftliche Einrichtung zu sein. In den physikalischen Grundlagen (The Physical Science Basis – **[4]**) des Klimareports von 2007 fehlen z.B. Literaturbezüge zu „Abweichlern" wie Idso **[19]**. Auch die wissenschaftlich veröffentlichte Kritik von S. McIntyre and R. McKitrick an der Mann'schen Hockeystick-Kurve *(Geophysical Research Letters, 32)* wird dort nicht direkt zitiert, sondern findet sich lediglich als Sekundärzitat in den Referenzen zu [20], 6. Kapitel: Paläoklima, unter Huybers, P. (2005).

Und schließlich hat der Autor, aber nicht nur er (siehe U.S. Senate Minority Report [21]) bisher keinerlei öffentliche Richtigstellung des IPCC zum allgegenwärtigen Alarmismus in den Medien finden können. In den Medien werden Klimaveränderungen für die interessierte Öffentlichkeit ja üblicherweise als Katastrophenszenarien dargestellt.

Dem IPCC wird in diesem Report ([21], Seite 7 unten) sogar vorgeworfen, dass seine Zusammenfassung für politische Entscheidungsträger [11] nicht in einem wissenschaftlichen Konsens, sondern in einem politischen Abstimmungsprozess entstanden sein soll. Dabei war der IPCC doch einst mit dem Anspruch angetreten, als Vermittler zwischen Wissenschaft und Weltbevölkerung zu wirken.

Es ist also kein Wunder, wenn für eine überwältigende Mehrheit der Bevölkerung in den Industrienationen die vorhergesagte Klimakatastrophe inzwischen eine Tatsache geworden ist.

In unserer hoch technisierten und arbeitsteiligen Welt muss der Einzelne inzwischen ja in vielen Lebensbereichen den Aussagen von Spezialisten glauben, weil er deren Arbeitsergebnisse gar nicht mehr fachlich nachvollziehen kann. Seine einzige Kontrollmöglichkeit besteht vielleicht gerade noch darin, zwischen Grundlagen und Ergebnissen eine gewisse Plausibilität herzustellen.

Diese Möglichkeit wird den Bürgerinnen und Bürgern in der Klimadiskussion aber allein schon durch die offiziellen Darstellungen über das Weltklimageschehen genommen, und man wird sich fragen dürfen:

Warum eigentlich?

Etwa, weil um die prognostizierte Klimakatastrophe herum inzwischen riesige nationale und internationale Behörden ein Eigenleben entwickelt haben?
Oder weil sich die Medien sicher sein können, mit Meldungen über zukünftige Katastrophenszenarien jederzeit die Aufmerksamkeit der geängstigten Bürgerinnen und Bürger zu fesseln?
Oder weil sich inzwischen wissenschaftlich-industrielle Lebensgemeinschaften entwickelt haben, deren einzige Lebensgrundlage die Subventionstöpfe zur Abwehr eben dieser Klimakatastrophe sind?

Haben unsere Regierungen mit der Klimakatastrophe etwa ein Thema gefunden, um neue Einnahmequellen zu schaffen und von den wirklichen gesellschaftlichen Problemen abzulenken?
Lenkt uns die prognostizierte Klimakatastrophe nicht von den Problemen der übrigen Weltbevölkerung ab?
Ist der eingeschlagene Weg zur Reduzierung des CO_2-Ausstoßes wirklich richtig oder gibt es bessere Alternativen?

Dieses Buch soll die Informationsbasis über unser Klimageschehen auf erdgeschichtliche Dimensionen erweitern und auf alternative Lösungsansätze hinweisen.

Die Bedeutung von CO_2 für unser Klima

Das Erdaltertum, über das wir relativ wenig wissen, macht immerhin ca. 88 Prozent der gesamten Erdgeschichte aus. Wenn wir in Abbildung 4 den CO_2-Gehalt unserer Atmosphäre über den besser bekannten Teil der Erdgeschichte seit dem Kambrium betrachten, dann können wir hier ein stufenweises Absinken des CO_2-Gehaltes erkennen.

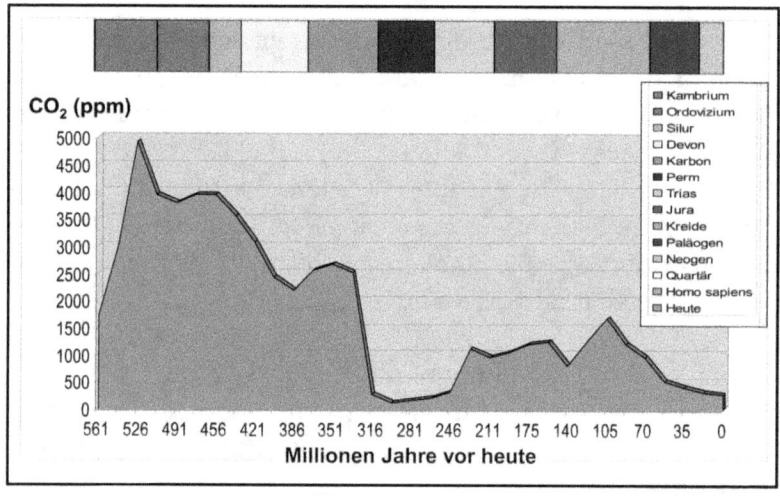

Abb. 4: CO_2-Gehalt der Erdatmosphäre (normiert auf einen vorindustriellen Wert von 280 ppm)
(Zusammenstellung des Autors aus unterschiedlichen Quellen)

Im Kambrium beginnt spannenderweise die Entwicklung der Pflanzen. Durch die Photosynthese kam es in der Folge zu einem ständigen Absinken des CO_2-Gehaltes in unserer Atmosphäre. Erst dieses Zusammenspiel zwischen Photosynthese, CO_2-Gehalt und Sauerstoffproduktion hat schließlich das Entstehen von tierischem Leben auf unserer Erde möglich gemacht.

Das CO_2, von dem es, wie von allen Stoffen, nur eine begrenzte Menge auf unserer Erde gibt, ist dabei einem ständigen Kreislauf unterworfen: CO_2 befindet sich in unserer Atmosphäre, in der Biosphäre, in der Hydrosphäre (also im Wasser) und in den Sedimentgesteinen der Erde selbst. Der natürliche CO_2–Ausstoß auf unserer Erde beträgt etwa 550 Gigatonnen pro Jahr [22.1] und wird in einem natürlichen Kreislauf durch Pflanzen und schalenbildende Tiere wieder abgebaut.

Der pflanzliche CO_2-Kreislauf in der Biosphäre funktioniert im Prinzip folgendermaßen [23]: Für den Aufbau einer Tonne Holz aus der Photosynthese sind 1.851 kg CO_2 und 1.082 kg Wasser nötig; daraus entstehen dann neben dieser Tonne Holz zusätzlich noch 541 kg Wasser und 1.392 kg Sauerstoff.

Dieser pflanzliche Zyklus verläuft am Ende völlig sauerstoffneutral, denn wenn eine Pflanze abstirbt, wird bei ihrem Verrottungsprozess der zunächst gewonnene Sauerstoff in vollem Umfang wieder verbraucht.

Die Vegetation benötigt also für die Photosynthese CO_2 und Wasser. Als Atemgift stößt sie dafür Sauerstoff aus. Dieser Sauerstoff wird von den tierischen Organismen zur Aufrechterhaltung ihrer Lebensfunktionen benötigt, die wiederum CO_2 als Atemgift ausstoßen. Pflanzlich gebundener Kohlenstoff wird bei der Verrottung von Pflanzen wieder in CO_2 umgewandelt. Es reichert sich mit der Sedimentation auch in den Gesteinen unserer Erde an. Schalenbildende Lebewesen wie Muscheln und Korallen benötigen ebenfalls CO_2 zum Aufbau dieser Schalen, die dann wiederum Zerfall und Sedimentation unterliegen.

Eine CO_2-Abschätzung: Der CO_2–Anteil in unserer Atmosphäre beträgt insgesamt etwa 3.000 Milliarden Tonnen oder **Giga**tonnen [22.2]. Die Weltmeere enthalten etwa die fünfzigfache Menge CO_2, also etwa 150.000 Gigatonnen. Der industrielle Eintrag von CO_2 in die Atmosphäre betrug im Zeitraum zwischen 1900 und 2002 insgesamt etwa 1.000 Gigatonnen, also ganz grob gerechnet knapp 1 Prozent der frei verfügbaren CO_2 -Menge auf unserer Erde (in Atmosphäre und Meerwasser, ohne den geologisch gebundenen Kohlenstoffanteil).

Für einen vorindustriellen CO_2-Gehalt unserer Atmosphäre von 280 ppm (Teile auf eine Million gleich 0,028 Volumenprozent) lässt sich die Gesamtmasse des ursprünglichen CO_2-Anteils unserer Atmosphäre demnach auf 2.200 Gigatonnen hochrechnen.

Rein rechnerisch wären aus dem antropogenen CO_2-Eintrag im 20-sten Jahrhundert dann also bereits wieder etwa 200 Gigatonnen CO_2 aus der Atmosphäre abgewandert und anderweitig gebunden worden. Diese Menge entspräche einem Fünftel des gesamten antropogenen CO_2-Eintrages.

Die atmosphärische CO_2-Konzentration soll sich also durch den antropogenen Eintrag von netto etwa 800 Gigatonnen CO_2 von 280 ppm auf aktuell etwa 380 ppm erhöht haben. Das bedeutet vor einem natürlichen atmosphärischen Kreislauf von 550 Gigatonnen CO_2 im Jahr aber, wir müssten den antropogenen CO_2-Eintrag zu 80 Prozent als direkten Nettoeffekt zur atmosphärischen CO_2-Gesamtmasse betrachten!

Der natürliche atmosphärische CO_2-Kreislauf scheint in der Klimaforschung quantitativ offenbar noch gar nicht abschließend verstanden worden zu sein!

Darüber hinaus liegen historische Messwerte [24] vor, die für das gesamte industrielle Zeitalter eine CO_2-Konzentration von über 300 ppm nachweisen und damit keinerlei Anstieg durch die menschliche Nutzung fossiler Brennstoffe anzeigen.

Es gibt noch einen weiteren interessanten Aspekt: Einige Wissenschaftler behaupten (z.B. [25]), der CO_2-Gehalt unserer Atmosphäre würde der Temperatur nachfolgen und nicht umgekehrt. Erklärt wird dieses Phänomen mit dem im Meerwasser gebundenen CO_2, das bei einer Temperaturerhöhung durch Veränderung des Lösungsgleichgewichtes ausgast.

Danach wäre dann der gemessene Temperaturanstieg der vergangenen Jahrzehnte keine Folge des industriellen CO_2-Ausstoßes, sondern der Anstieg des CO_2-Gehaltes unserer Atmosphäre vielmehr umgekehrt das Ergebnis eines natürlichen Temperaturanstieges unserer Erde.

Es gibt aber auch einen natürlichen CO_2-Eintrag in unsere Atmosphäre. Wir alle kennen die negativen Auswirkungen von Vulkanausbrüchen auf unser Klima. Dabei handelt es sich insbesondere um den Ascheausstoß der Vulkane, der für eine begrenzte Zeit die Sonneneinstrahlung auf unsere Erde behindern kann. Der vulkanische CO_2-Eintrag geht in diesem spektakulären Geschehen zunächst einmal unter. So ist der vulkanische Gesamteintrag von CO_2 in unsere Atmosphäre bisher noch nicht einmal abschließend katalogisiert worden.

Wir wollen nachfolgend einmal abschätzen, wie denn unser Klima mit dem Eintrag von CO_2 aus Vulkanausbrüchen zu Recht gekommen sein mag, bei denen ja in kürzester Zeit erhebliche Mengen von CO_2 in die Atmosphäre entlassen werden. So setzte zum Beispiel allein der Ausbruch des Mount St. Helens in den USA (1980) gut eine halbe **Gi**gatonne CO_2 frei.

Für den Zeitraum zwischen 1510 und 2010 werden in der Literatur 734 historische Vulkanausbrüche auf unserer Erde angegeben [26].

Dabei neigen historische Angaben sicherlich dazu, lediglich Ereignisse zu überliefern, von denen Menschen einer der Schrift mächtigen Zivilisation direkt betroffen gewesen sind. Folgerichtig entfällt allein auf den Zeitraum von 1900 bis 2000 mit relativ vollständigen weltweiten wissenschaftlichen Aufzeichnungen etwa die Hälfte dieser Daten (367 Ausbrüche). Gehen wir einmal davon aus, dass der Ausbruch des Mount St. Helens ein eher starkes vulkanisches Ereignis gewesen ist. Für einen durchschnittlichen Vulkanausbruch setzen wir also im Mittel einmal einen CO_2-Ausstoß von 100 Megatonnen an.

Das Ergebnis wäre dann für das gesamte 20-ste Jahrhundert ein vulkanischer CO_2-Ausstoß von insgesamt etwa 37 Gigatonnen. Das entspräche von der Größenordnung her in etwa dem aktuellen jährlichen CO_2-Eintrag der Menschheit. Damit käme der weltweite natürliche CO_2-Ausstoß durch vulkanische Aktivität auf durchschnittlich etwa 1 Prozent des aktuellen **antropogenen** CO_2-Eintrags und dürfte daher bei einer allgemeinen Betrachtung zu vernachlässigen sein.

Es gibt aber auch noch einen erheblichen Widerspruch: Für das Jahr 1980 betrug der gesamte antropogene CO_2-Ausstoß etwa 20 Gigatonnen. Allein die halbe Gigatonne CO_2 aus dem Ausbruch des Mount St. Helens entspricht also 2,5 Prozent des gesamten antropogenen Eintrags in 1980 und hat klimatisch keinerlei Spuren hinterlassen!

Wie wir bei der Erklärung zur Entwicklung der CO_2-Konzentration unserer Atmosphäre bereits gesehen haben, besitzt unsere Erde erst in den letzten ca. 12 Prozent ihrer gesamten Geschichte eine Biosphäre. Wenn wir uns einmal den Sauerstoffgehalt unserer Atmosphäre in Abbildung 5 ansehen, dann stellen wir fest, dass der Anstieg der Sauerstoffkonzentration in der Erdatmosphäre von weniger als 5 Prozent auf über 20 Prozent gut mit der Entwicklung höherer Pflanzen und dem dadurch verursachten Absinken des CO_2-Verlaufs vor etwa 600 Millionen Jahren übereinstimmt.

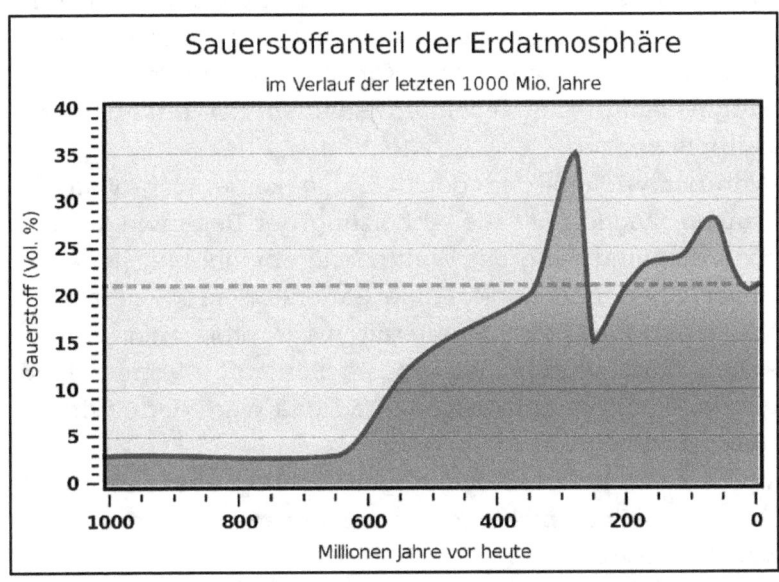

Abbildung 5: Sauerstoffgehalt der Atmosphäre in den vergangenen 1000 Millionen Jahren aus Wikipedia [27]

Des Pflanzenwachstums seit dem Kambrium schuf also den notwendigen Sauerstoffgehalt unserer Atmosphäre, um das Entstehen von höherem tierischen Leben auf unserer Erde zu ermöglichen.

Wir machen uns momentan erhebliche Gedanken um das CO_2 in unserer Atmosphäre, obwohl es in der jüngeren Erdgeschichte einen Wert von etwa 5 Promille (5.000 **ppm**) wohl niemals überschritten haben dürfte. Dieser Wert entspricht mit 0,5 Prozent CO_2 gerade einmal der maximal erlaubten Arbeitsplatzdosis für den Menschen! Für den Menschen selbst geht also jetzt und in Zukunft keinerlei direkte Gefährdung vom CO_2-Gehalt unserer Atmosphäre aus. Selbst die höchste CO_2-Konzentration in der jüngeren Erdgeschichte läge noch im Rahmen der erlaubten Arbeitsplatzdosis.

Worüber wir uns dagegen offenbar keine so großen Gedanken machen, ist die Abholzung der Regenwälder und die Verschmutzung der Weltmeere, obwohl hier ja der für unser Überleben notwendige Sauerstoff produziert wird. Wenn nämlich kein Sauerstoff mehr produziert werden sollte, dann würden wir unsere Sauerstoff-Vorräte langsam aber sicher aufbrauchen und das wäre dann wirklich unser Ende!

Wir haben also panische Angst vor CO_2, aber achten wir dabei vielleicht nicht genug auf unsere lebenswichtigen Sauerstoff-Vorräte?

Kann es also sein, dass wir momentan „die falsche Sau durchs Dorf treiben"?

Die für uns lebenswichtige Sauerstoffproduktion ist trotz der fortwährenden Zerstörung großer Waldgebiete in den

Tropen und Subtropen unserer Erde in der Klimadiskussion bisher weitgehend unbeachtet geblieben. Nachzulesen ist diese Problematik zum Beispiel in dem Buch von Brandenburg und Paxson mit dem Titel: *„Wie der Erde die Luft ausgeht. Das Ende unseres blauen Planeten"* [28].

Der natürliche pflanzliche Sauerstoffkreislauf verläuft kontinuierlich zwischen Wachstum und Zerfall und repräsentiert in der Spitze nur den bei Entstehung der aktuellen lebendigen Pflanzenmasse frei gesetzten Sauerstoff. Dieser Sauerstoff wird dann später bei der Verrottung des abgestorbenen Pflanzenmaterials wieder an Kohlenstoff gebunden.

Dieser natürliche Sauerstoffkreislauf dürfte als Sauerstoffäquivalent der gesamten lebendigen Vegetation unserer Erde nach grober Abschätzung einen Beitrag von etwa 2 Prozent zum atmosphärischen Sauerstoff liefern.

(**Annahmen:** Waldbestand auf der Erde: 3.400.000.000 Hektar, ein Hektar Wald produziert 5,4 Tonnen Holz pro Jahr, das Wachstum einer Tonne Holz setzt 1,392 Tonnen O_2 frei, das mittlere Alter des Bestandes beträgt 100 Jahre, multipliziert mit einem Faktor 10 für die Gesamtvegetation.)

Die aktuell vorhandene Vegetation auf unserer Erde kann also den Sauerstoffgehalt unserer Atmosphäre nicht erzeugt haben. Die nachfolgenden überschlägigen Abschätzungen zum Sauerstoffgehalt unserer Atmosphäre werden zeigen, dass dieser Sauerstoffgehalt dann wohl eher das Ergebnis einer natürlichen Kohlenstoffspeicherung in den fossilen Kohlenwasserstoffen sein dürfte (Abbildung 6).

Die Masse der gesamten Erdatmosphäre beträgt etwa $5{,}135 \cdot 10^{15}$ Tonnen [29] oder 5.135.000 **Giga**tonnen. Davon entfallen 23,135 Gewichtsprozent auf den für uns lebenswichtigen Sauerstoff, was für unsere Atmosphäre eine Masse von etwa 1.200.000 Gigatonnen Sauerstoff ergibt. Die Reserven und Ressourcen an Kohlenstoff in den fossilen Energieträgern Öl, Kohle und Erdgas betragen etwa 12.500 Gigatonnen [30]. Das Gewichtsverhältnis zwischen Kohlenstoff und Sauerstoff im CO_2-Molekül beträgt etwa 3 zu 8 (aus den Atomgewichten 12 zu 2 x 16).

Wenn man jetzt die gebräuchliche Abschätzung aus der Kohlenwasserstoffexploration übernimmt, nach der nur etwa 1 Prozent der einstmals entstandenen fossilen Kohlenwasserstoffe in den förderbaren Reserven und Ressourcen gebunden ist, dann erhalten wir für den gesamten fossil eingelagerten Kohlenstoff überschlägig ein Sauerstoffäquivalent von 3.300.000 **Giga**tonnen, also knapp das Dreifache der aktuellen atmosphärischen Sauerstoffmenge.

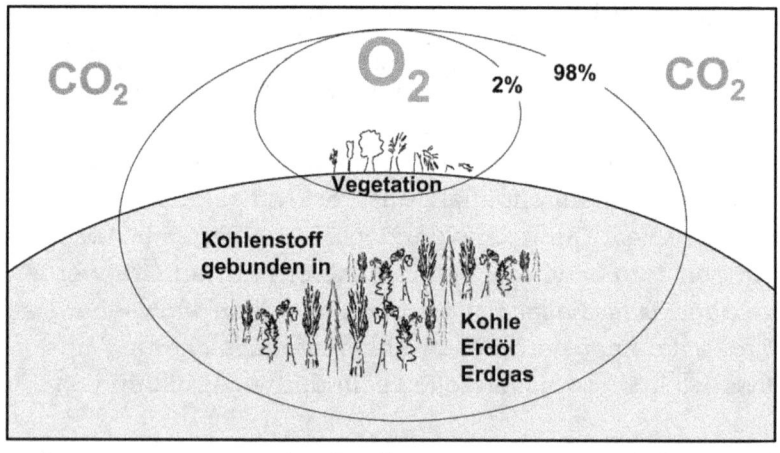

Abbildung 6: Herkunft des Sauerstoffs in unserer Atmosphäre

Wir können unterstellen, dass im Laufe geologischer Zeiten etwa 50% der fossilen Kohlenwasserstoffe auf natürlichem Wege aus ihren Lagerstätten entwichen sind und wieder zu CO_2 **oxidiert** wurden. Weiterhin wird atmosphärischer Sauerstoff auch bei der **Oxidation** natürlicher Minerale gebunden, die durch vulkanische Aktivitäten neu generiert oder kontinuierlich durch die Bodenerosion frei gelegt werden.

Damit würde sich von den Größenordnungen her die Abschätzung bestätigen, dass wir den Sauerstoff unserer Erdatmosphäre im Wesentlichen der Kohlenstoff-**Sequestrierung** in geologischen Zeiten zu verdanken haben.
Damals wurden ungeheure Mengen von Biomasse unter Sauerstoffabschluss in geologischen Schichten eingelagert. Diese Biomasse konnte daher nicht mehr verrotten und hat den einstmals bei ihrer Entstehung erzeugten Sauerstoff deshalb auch nicht wieder verbraucht. Dieser Sauerstoff bildet nun den Hauptanteil des Sauerstoffs in unserer Erdatmosphäre als Gegenpart zu dem Kohlenstoff unserer fossilen Energieträger.

Vor dem Hintergrund, dass sich lediglich etwa 1 Prozent der in erdgeschichtlichen Zeiten generierten fossilen Kohlenwasserstoffe in technisch abbaubaren Lagerstätten angesammelt haben dürften, besteht durch den Sauerstoffverbrauch bei der Nutzung dieser fossilen Kohlenwasserstoffe auf absehbare Zeit also auch keine Gefahr für den Sauerstoffgehalt unserer Atmosphäre.

Der Treibhauseffekt als Klimamotor unserer Erde

Schauen wir uns jetzt einmal an, was der natürliche Treibhauseffekt für unsere Erde eigentlich bedeutet und welche Stoffe im Wesentlichen daran beteiligt sind. Der „natürliche" Treibhauseffekt führt gegenüber einem Erdmodell ohne Atmosphäre zu einer Erhöhung der Temperatur an der Erdoberfläche um etwa 33 Grad. Er basiert auf der Einstrahlung von Sonnenenergie auf unsere Erde (Abbildung 7), die als Wärmestrahlung über die Atmosphäre schließlich wieder an den Weltraum abgegeben wird. Dieser Treibhauseffekt führt zu einer gemittelten Jahrestemperatur von etwa 14 Grad Celsius, was ein Leben auf unserer Erde überhaupt erst möglich macht.

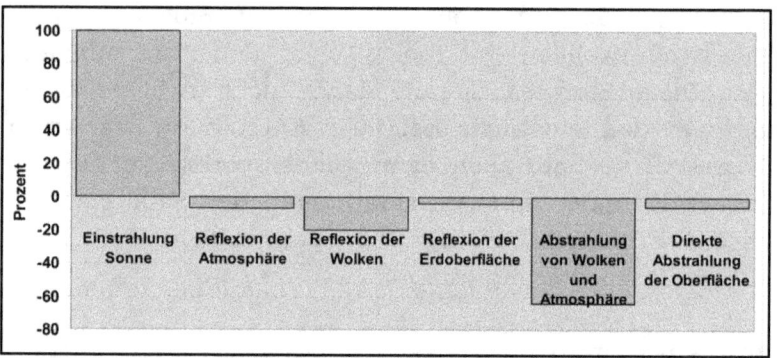

Abbildung 7: Aufteilung der Sonneneinstrahlung auf unserer Erde

Für unseren „Klimamotor" stehen nach Abbildung 7 also etwa 65% der eingestrahlten Sonnenenergie zur Verfügung. Die Reststrahlung von ca. 35% wird in unserer Atmosphäre, von Wolken und von der Erdoberfläche direkt in den Weltraum zurück reflektiert. Als Antrieb für den natürlichen Treibhauseffekt wäre zunächst einmal der Wasserdampf als das wichtigste Treibhausgas auf unserem Planeten zu nennen (Abbildung 8). Etwa 65 Prozent des natürlichen Treibhauseffektes auf unserer Erde wird allein durch den Wasserdampf verursacht.

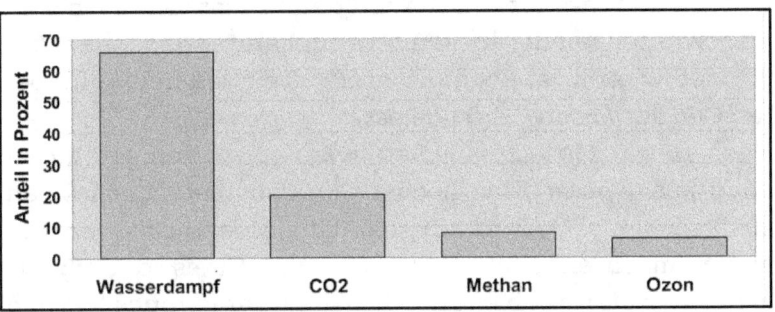

Abbildung 8: Einzelbeiträge zum natürlichen Treibhauseffekt in unserer Atmosphäre (gemittelt)

Dabei schwanken die Angaben für den Einfluss von Wasserdampf auf den natürlichen Treibhauseffekt in den Literaturangaben mit Werten zwischen 36 und 70 Prozent ganz erheblich. Die weiteren Beiträge zu dem natürlichen Treibhauseffekt liefern Kohlendioxid (CO_2), Methan und Ozon, wie in Abbildung 8 gezeigt wird. Die prognostizierte Klimakatastrophe soll nun durch den zusätzlichen **antropogenen** Eintrag von Treibhausgasen, insbesondere von CO_2, in unsere Atmosphäre verursacht werden.

Bei diesem antropogenen Treibhauseffekt, wie er als Katastrophenszenario in den Raum gestellt wird, gibt es aber aus geowissenschaftlicher Sicht ein generelles Verständnisproblem: Gleichgültig, ob nun die Temperatur dem CO_2-Gehalt folgen sollte oder umgekehrt, Tatsache ist, dass die

CO_2-Konzentration im Meerwasser als unserem größten CO_2-Speicher temperaturabhängig ist. Das heißt ganz einfach, kaltes Meerwasser kann mehr CO_2 aufnehmen als warmes Meerwasser. Je weiter jetzt also die Temperatur des Meerwassers steigt, umso weniger CO_2 kann es festhalten und umso mehr CO_2 wird dann zusätzlich noch vom Meerwasser wieder an die Atmosphäre abgegeben. Und im Meerwasser ist eben der größte Teil des frei verfügbaren CO_2 auf unserer Erde gelöst.

Nach dieser Gesetzmäßigkeit wäre jeder Temperaturanstieg auf unserer Erde höchst CO_2–sensibel. Durch einen zusätzlichen CO_2–Eintrag aus dem Meerwasser ergäbe sich nämlich ein selbsterregender Regelkreis, der eigentlich zwingend in einer Art „Resonanzkatastrophe" enden müsste. Ein wie immer gearteter Temperaturanstieg unserer Erde würde durch die damit verbundene Freisetzung von CO_2 aus den Ozeanen diesen Temperaturanstieg durch einen zusätzlichen Beitrag zum Treibhauseffekt selbständig bis zu einem Temperaturmaximum verstärken. Bei einer vollständigen „Resonanzkatastrophe" könnten dabei dann vielleicht sogar alle freien CO_2-Vorräte unserer Erde aufgezehrt werden.

Zum Beispiel ist am Ende der letzten Eiszeit die Durchschnittstemperatur auf unserer Erde relativ schnell um bis zu 8 Grad angestiegen. Damals hätte es eigentlich durch einen analogen Anstieg der Meerestemperatur zu einer solchen CO_2-bedingten Resonanz kommen müssen. Eigentlich müssten schon unsere jahreszeitlichen Veränderungen oder ein starker **el Nino** [31] eine solche CO_2-Resonanz hervorrufen. Auch der CO_2-Eintrag durch Vulkanausbrüche in historischer Zeit hat offenbar keine selbstverstärkenden Klimaphänomene verursacht. Hier

sind lediglich kurzfristige Abkühlungseffekte durch den vulkanischen Ascheeintrag in die hohe Atmosphäre bekannt geworden. Bei einem Abgleich des Klimas mit der CO_2-Konzentration über die Erdgeschichte ist dieses selbstverstärkende Phänomen also trotz diverser starker Schwankungen in Temperatur und CO_2-Gehalt unserer Atmosphäre niemals beobachtet worden!
Nebenbei bemerkt hätten die Stämme der Schalen bildenden Meerestiere, wie Muscheln und Korallen, eine längeren Zeitraum ohne im Meerwasser gelöstes CO_2 auch gar nicht überleben können.
Lord Monckton [32] hat in einer heftig kritisierten Arbeit einen Bezug des Klimageschehens zur Selbsterregung von elektronischen Schaltkreisen hergestellt und ist aus dieser Betrachtung heraus zu einer Begrenzung der **Klimasensitivität** auf 1,2 Grad Kelvin für die Verdoppelung der Konzentration von CO_2 in der Atmosphäre gekommen. Diese Arbeit von Monckton bietet sich als hervorragender Analogieschluss für die Systemantwort unseres Klimas auf eine Veränderung seiner Einflussfaktoren an; schließlich hat es tatsächlich in erdgeschichtlichen Zeiten niemals eine klimatische Resonanzkatastrophe gegeben. Es muss also wohl natürliche Dämpfungskreise im Zusammenspiel zwischen der Durchschnittstemperatur unserer Erde und dem natürlichen Treibhauseffekt unserer Atmosphäre geben, die offenbar bisher nicht hinreichend in die laufende Klimadiskussion eingegangen sind. Diese Dämpfungskreise scheinen zu verhindern, dass sich eine Veränderung von temperatursensiblen Parametern zu einer klimatischen Resonanz aufschaukeln kann. Ein natürliches Dämpfungsglied für den Treibhauseffekt in unserer Erdatmosphäre dürfte schon allein der Wasserdampf darstellen. In kleinen

Konzentrationen begünstigt Wasserdampf den Treibhauseffekt, während er sich in großer Konzentration zu Wolken zusammenballt, dabei zusätzlich Sonnenenergie in den Weltraum reflektiert und damit den Treibhauseffekt wieder reduziert.

Nach Svensmark [33] liefert die kosmische Partikelstrahlung Kondensationskerne für die natürliche Wolkenbildung. Die Dichte dieser Partikelstrahlung verläuft entgegen der Sonnenaktivität, weil das Magnetfeld der aktiven Sonne die Erde gegen diese Strahlung abschirmt. Diese Partikelstrahlung stellt also einen natürlichen Verstärkungseffekt für den schwankenden Klimabeitrag unserer Sonne dar. Vahrenholt und Lüning knüpfen hier mit Ihrem Buch „Die kalte Sonne" [34] an. Sie belegen darin die Wirksamkeit des vom Klima-Mainstream marginalisierten solaren Klimaantriebs als mindestens gleichbedeutend mit dem antropogenen CO_2-Treibhauseffekt.

Den rechnerischen Zusammenhang zwischen dem CO_2-Gehalt unserer Atmosphäre und dem Treibhauseffekt hat der IPCC in einer vereinfachten Formel bei der Erklärung für das „radiative forcing" [20] für die atmosphärische Erwärmung durch CO_2 angegeben. Daraus wird unmittelbar deutlich, dass die Treibhauswirkung von CO_2 eine logarithmische Funktion darstellt. Der Beitrag von jedem einzelnen Millionstel (ppm) Anteil atmosphärischen CO_2 zum Treibhauseffekt wird also nicht mit einem konstanten Wert aufsummiert. Vielmehr nimmt der Klimabeitrag von jedem zusätzlichen ppm CO_2 bei steigender Gesamtkonzentration von CO_2 stetig ab. In die Formel des IPCC [20] für die atmosphärische Treibhauswirkung von CO_2 kann man beispielsweise den von Idso [19] veröffentlichten Wert zur

Umrechnung von Strahlungsenergie in einen Temperaturbeitrag einsetzen. Damit kann man dann den **antropogenen** Klimabeitrag in Vergangenheit und Zukunft hochrechnen. Solche Berechnungen für das Temperaturäquivalent aus dem „radiative forcing" findet man zum Beispiel bei Archibald **[35]**. Im Anhang dieses Buches hat der Autor einmal selbst versucht, allein auf Grundlage der Angaben des IPCC den künftigen Temperaturanstieg auf unserer Erde hochzurechnen. Das Ergebnis ist eigentlich ganz beruhigend, denn wir dürften unser Klimaziel von maximal 2 Grad Temperaturanstieg bis zum Jahre 2100 wohl auch ohne eine grundsätzliche Reduktion des globalen CO_2-Ausstoßes erreichen.

Als Fazit lässt sich aber auch feststellen, dass ein antropogener Klimabeitrag bereits eindeutig nachweisbar ist; allerdings in einem Umfang, der uns deutlich mehr Zeit für einen koordinierten weltweiten Maßnahmenkatalog lassen würde, als wir uns die im Augenblick selber zugestehen wollen.

Der natürliche Treibhauseffekt in unserer Atmosphäre ist also für uns alle lebenswichtig und besitzt aller Wahrscheinlichkeit nach eine „eingebaute" Selbstbegrenzung.

Ob es dann wirklich eine so gute Idee ist, die Energie unseres Klimamotors als beliebig frei verfügbar für eine alternative Energieerzeugung anzusehen, soll nachfolgend noch etwas näher beleuchtet werden:

Der Welt-Energieverbrauch im Jahre 2004 betrug etwa 120.000 **Terra**watt-Stunden **[36]**.

Die jährliche klimawirksame Sonneneinstrahlung (abzüglich der reflektierten Anteile) beträgt etwa 125.000 Terrawatt-Jahre oder etwa 1.100.000.000.000.000.000 kWh pro

Jahr. Damit betrug im Jahre 2004 der Welt-Energieverbrauch etwa 0,1 Promille der insgesamt wirksamen Sonnenstrahlung auf unserer Erde.

Auf den ersten Blick mag das zunächst einmal sehr beruhigend klingen. Was kann ein Zehntausendstel Energieentnahme aus dem Klimamotor unserer Erde denn schon anrichten? Es handelt sich bei der obigen Abschätzung der Energierelationen allerdings um einen ganz groben Durchschnittswert, bei dessen Berechnung alle Flächen auf unserer Erde gleichberechtigt eingehen, gleichgültig, ob sie eine äquatoriale oder polare Lage haben. Da unsere Erde aber in erster Näherung eine Kugel ist, muss die Flächenverteilung auf dieser Kugel im Verhältnis zur Richtung der Sonneneinstrahlung ebenfalls in eine Betrachtung einfließen. Die direkte Entnahme von Strahlungsenergie wäre ja eher auf äquatornahe Gebiete beschränkt, wo ein nahezu senkrechter Sonnenstand vorherrscht. Für die Nutzung der Windenergie bieten sich dagegen die Windgürtel unserer Erde in niederen und mittleren Breiten an, also die Passat- und Westwindzonen.

Schon daraus aber würde sich zwangsläufig eine geographische Konzentration bei der Entnahme von primärer (Strahlung) und sekundärer (Wind) Energie aus unserem Klimamotor ergeben. Und eine solche Konzentration dürfte dann mit ziemlicher Sicherheit mindestens zu regionalen Klimaphänomenen führen, wenn die entnommene Energiemenge einen Prozentsatz der lokal eingestrahlten Sonnenenergie erreichen sollte; umso eher, wenn dort der Wasserdampf als unser wichtigstes Treibhausgas in seiner Klimafunktion direkt von solchen Maßnahmen beeinflusst werden sollte!

Unser Sonnensystem und die Erde

Die Sonneneinstrahlung ist der Motor für das Klimageschehen auf unserer Erde. In Abbildung 9 ist das System Sonne-Erde vereinfacht dargestellt.

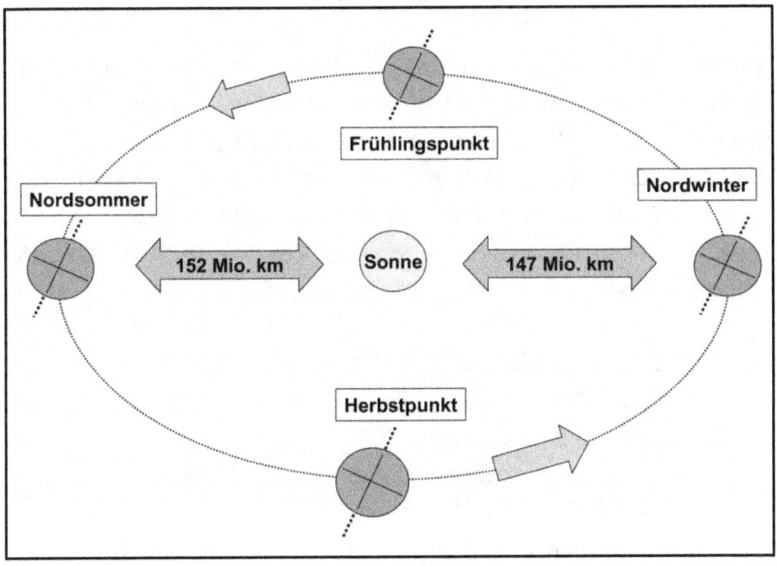

Abbildung 9: Das Erdjahr und die Umlaufbahn um die Sonne

Am Frühlings- und Herbstpunkt steht der **Projektionspunkt** der Sonne genau über dem Äquator der Erde. Im Nordwinter wandert er zum südlichen **Wendekreis**, was zur Folge hat, dass die nördliche Polkappe fortschreitend in die Schattenzone der Sonneneinstrahlung gerät; zur Wintersonnenwende sogar bis zum nördlichen Polarkreis.

Zur gleichen Zeit herrscht auf der Südhalbkugel der Erde Sommer und der Südpol erhält bis zu 24 Stunden Tageslicht. Von der Wintersonnenwende an macht sich der **Projektionspunkt** der Sonne dann vom südlichen **Wendekreis** wieder nach Norden auf, überquert am Frühlingspunkt den Äquator und leitet den Nordsommer ein.

In der Folge wollen wir die Sonneneinstrahlung auf unserer Erde etwas näher betrachten, und zwar zunächst ganz ohne die **Winkelfunktionen** Sinus und Kosinus. Dazu müssen wir aber einige Vereinfachungen machen, die in der Folge zwar zu rechnerischen Ungenauigkeiten führen werden, die andererseits aber das Verständnis der Grundprinzipien stark vereinfachen dürften:

- o Eine reine Kugelform der Erde
- o Keine Atmosphäre, keine Wolken mit Streuung, Reflexion, Diffusion, etc.
- o Keine Schwankung der Sonnenaktivität
- o Keine Berücksichtigung der Exzentrizität der Erdbahn (Einfluss auf die Strahlung knapp 7%)
- o Keine Topographie, alle Werte für ebene Flächen auf Meeresniveau Normal Null (NN)

Abbildung 10 zeigt eine schematische Darstellung der Sonneneinstrahlung auf unserer Erde. Die Energiedichte der beiden dort dargestellten Lichtbündel von der Sonne ist zunächst einmal gleich. Auf einer Kugel wie unserer Erde werden aber je nach geographischer Breite unterschiedlich große Flächen von diesen gleich großen Lichtbündeln beschienen. Die gelben Quadrate geben die von der Sonne ausgehende Strahlung an, die auf der Erde eingezeichneten gelben Flächen haben genau die gleiche Größe. Die rote Fläche in nördlicher Breite muss wegen der Erdkrümmung vom nördlichen Lichtbündel zusätzlich beleuchtet werden.

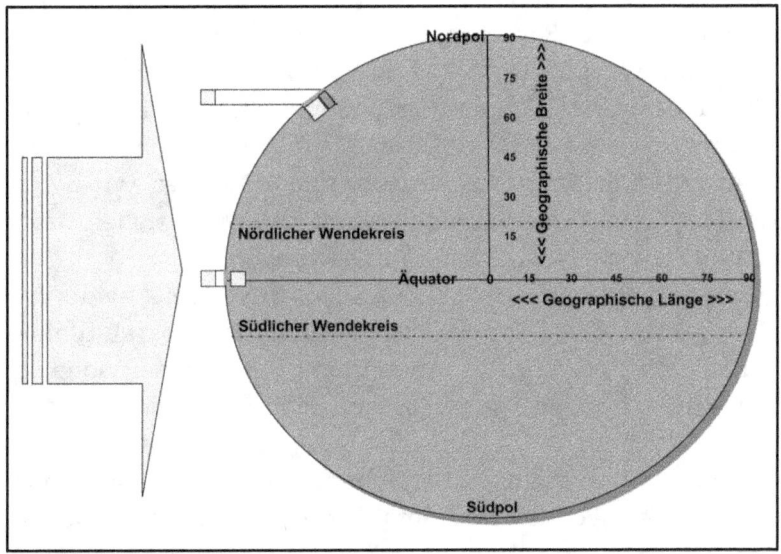

Abbildung 10: Die Abnahme der Strahlungsintensität der Sonne mit der geographischen Breite

Beide Lichtbündel sind also gleich groß und haben die gleiche Energiedichte. Das nördliche Lichtbündel muss aber eine größere Fläche auf der nach Norden gekrümmten Erdkugel beleuchten. Daher nimmt die Energiedichte der Sonnenstrahlung pro Flächeneinheit mit dem Abstand vom Äquator nach Norden und Süden ab.

Stellen wir uns einmal eine riesige Projektionswand vor, die senkrecht zur Ausbreitung der Sonnenstrahlen steht.

Auf dieser Projektionswand hätten alle einfallenden Lichtbündel dann auch die gleiche Energiedichte. Beispiel für eine solche Projektion wäre unsere Sicht auf einen abnehmenden oder zunehmenden Mond, in dessen runder Flächenprojektion genau derjenige Ausschnitt zu fehlen scheint, der als Schatten von unserer Erde auf den Mond geworfen wird. Dabei sehen wir im äußeren Umriss dieser Sichel keinerlei Dämmerungszonen. Vielmehr haben alle Ränder der beleuchteten Mondsichel die gleiche Leuchtkraft, wie der Rand des Erdschattens. Stünden wir dagegen auf dem Mond am Außenrand der Mondsichel, dann würde für uns dort Dämmerung herrschen.

Auf einer **Projektion** der Erdkugel, dem Kreis, wäre die Energiedichte der Sonneneinstrahlung also überall gleich. Da es sich aber um die wesentlich größere Oberfläche einer Kugel handelt, deren Fläche sich mit dem Abstand vom Fußpunkt der Sonne (hier über dem Äquator) immer weiter von den einfallenden Sonnenstrahlung wegkrümmt, ist die Energiedichte der einfallenden Sonnenstrahlung auf der Erdoberfläche eben nicht konstant, sondern nimmt zu den Polen hin kontinuierlich ab.

Betrachten wir einmal den Energieeintrag der Sonneneinstrahlung auf dem Weg vom Äquator zum Nordpol, wobei die Sonne genau am Anfang dieses Streifens direkt über dem Äquator stehen soll. Wegen der Erdkrümmung würde die Strahlungsintensität auf der Erdoberfläche pro Flächeneinheit zum Nordpol hin also immer weiter abnehmen. Wenn wir diese Abschätzung über die Winkelfunktionen verfeinern, dann stellt sich die Energieausbeute der Erde folgendermaßen dar. Bei 60 Grad geographischer Breite hat sie dann genau auf die Hälfte abgenommen, wie nachfolgend in Abbildung 11 gezeigt wird.

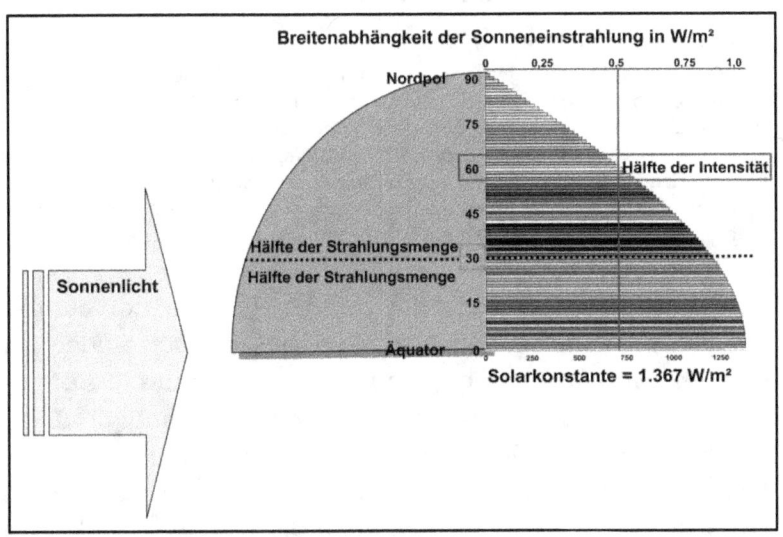

Abbildung 11: Die Breitenabhängigkeit der Sonnenstrahlung auf unserer Erde bei einem Sonnenstand direkt über dem Äquator

Die Solarkonstante gibt die Strahlungsdichte der Sonne im Weltraum an der Position der Erde an, und zwar ohne jede Beeinflussung durch die Erdatmosphäre oder die Erde selbst. In Abbildung 11 ist die Breitenabhängigkeit der Sonnenstrahlung im Verhältnis zur Solarkonstanten dargestellt, also die gesamte verfügbare Strahlungsenergie pro Flächeneinheit in Abhängigkeit von der geographischen Breite. Die nachfolgende Anmerkung ist für den mathematisch interessierten Leser gedacht, der sich nicht durch die Winkelfunktionen erschrecken lässt:

Berechungsgrundlage für dieses Beispiel wäre ein Verlauf der Strahlungsintensität (Solarkonstante ohne Erdatmosphäre mit 1.367 W/m²) mit dem Kosinus der geographischen Breite.

Am Äquator, bei 0 Grad geographischer Breite, würde die Sonne genau senkrecht auf die Erdoberfläche scheinen. Die Richtung entspricht also

genau der zugehörigen Flächen**normalen** der Erdoberfläche. Der Kosinus von 0 Grad ist gleich 1. Damit haben wir am Äquator die höchste Strahlungsintensität mit 1.367 W/m².
Im Verlauf unseres Weges nach Norden wird die Neigung der Flächen**normalen** gegenüber den Sonnenstrahlen immer größer. Im weiteren Verlauf erreichen wir auf 60 Grad nördlicher Breite eine Strahlungsintensität von 50 Prozent entsprechend einem Wert von 0,5 für den Kosinus von 60 Grad. Am Nordpol steht die Flächen**normale** dann genau senkrecht zu den Sonnenstrahlen und es wird gar keine Strahlungsausbeute mehr erzielt. Hier ist der Kosinus für 90 Grad dann gerade gleich Null.

Sehen wir uns in Abbildung 11 die Flächen der bunten Strahlungssegmente einmal genauer an. Diese Flächen sind ein Maß für die Menge an Sonnenstrahlung in Abhängigkeit von der geographischen Breite. Wenn wir diese Flächen ausschneiden und abmessen würden, könnten wir feststellen, dass die Fläche zwischen dem Äquator und 30 Grad Breite genau so groß ist, wie die Fläche von 30 Grad Breite bis zum Nordpol, die insgesamt über 60 Breitengrade verläuft. Für einen ganz grob gemittelten Durchschnittswert der Sonneneinstrahlung auf unserer Erde während ihres jährlichen Umlaufs um die Sonne heißt das: Die Hälfte der Strahlungsintensität der Sonne auf unserer Erde fällt immer in einen Bereich, der mit jeweils 30 Grad geographischer Breite nach Norden und Süden symmetrisch um den **Projektionspunkt** der Sonne herum belegen ist. In dieser Betrachtung soll der Projektionspunkt der Sonne immer fest auf dem Äquator liegen. Da sich die Erde mit ihrer täglichen Rotation permanent unter der Sonne „wegdreht", entspricht dieser „50-Prozent-Gürtel" für die Strahlungsmenge über einen ganzen Tag dann also genau einen Gürtel von +/- 30 Grad um den Äquator. Genau hier liegt auch der Klimamotor unserer Erde. Durch die Primärenergie Sonnenstrahlung wird das Meerwasser aufgeheizt und ungeheure Wassermassen verdunsten über den Land-

und Meeresflächen. Das erwärmte Wasser in den Weltmeeren und die warme, wassergesättigte Luft treiben dann, sozusagen als „Sekundärenergie", die globalen Meeres- und Luftströmungen an. So wird zum Beispiel auch unsere „Zentralheizung", der Golfstrom, aus den Tropen gespeist. Die Polkappen dagegen fungieren als die „Kühlaggregate" dieses Systems.

Um das Bild nicht zu komplizieren, hatten wir in dieser Betrachtung bewusst die Schiefe der Erdachse (**Ekliptik**) und die daraus resultierenden jahreszeitlichen „Kippbewegungen" vernachlässigt. Sie führt zusätzlich zu einer scheinbaren jährlichen Wanderung der Sonne zwischen den **Wendekreisen** bei jeweils 23°26'16" Nord und Süd. Dadurch verschiebt sich dann dieser 50-Prozent-Gürtel der maximalen Sonneneinstrahlung in der Realität entsprechend den Jahreszeiten weiter nach Norden bzw. Süden.

Die jenseits von 30 Grad Nord und Süd anschließenden Flächen bis zu den Polen überdecken jeweils eine Breitenzone von 60 Grad. Sie erhalten in unserer vereinfachten statischen Betrachtung auf der Nord- und Südhalbkugel jeweils ein Viertel der gesamten Energie aus der Sonneneinstrahlung, in der Summe insgesamt also ebenfalls 50 Prozent.

Die globalen Strömungssysteme (Abbildung 12) sind die Transportwege unserer Erde für Wärme und Wasser. Die Meeresströmungen sorgen dabei für einen kontinuierlichen Wärmetransport, während die Luftströmungen, und damit sowohl die Lufttemperatur selbst als auch die mitgeführte Wassermenge in den Wolken, starken jahreszeitlichen Schwankungen unterliegen. In den unten gekennzeichneten Hadley-Zellen spielt sich die tropische Luftzirkulation mit den Passatwinden ab; die Ferrel-Zellen bilden die Westwindzonen ab. Die Windsysteme selbst sind dann in Abbildung 32 auf Seite 133 dargestellt.

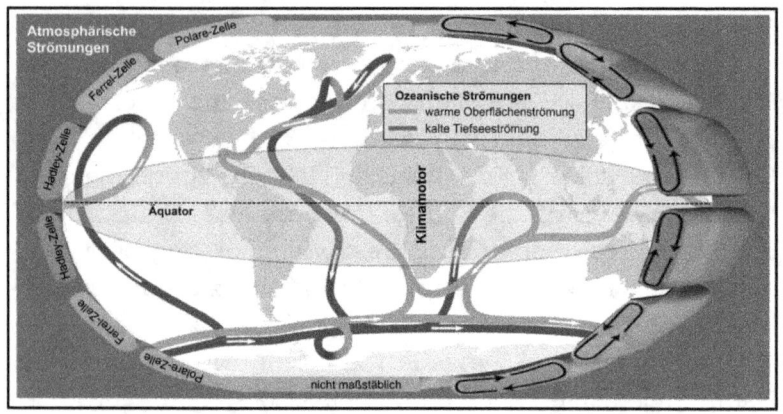

Abbildung 12: Die globalen Strömungssysteme in Atmosphäre und Weltmeeren mit [37] und [38] aus Wikipedia
Abbildung 12 ist damit ebenfalls unter der „Creative Commons-Lizenz 3.0 Unported" (Namensnennung - Weitergabe unter gleichen Bedingungen) lizenziert

Es wird aus dieser stark vereinfachten Darstellung hoffentlich klar, dass wir aus dem Klimamotor unserer Erde nicht beliebige Energiemengen entnehmen können, ohne damit nicht auch unser Klima selbst zu beeinflussen. Sonnenenergie ist auf unserer Erde zwar ständig und in ungeheurer Menge verfügbar, aber wirklich wertfrei ist diese „erneuerbare Energie" deshalb leider nicht; denn sie ist bereits fest in unsere Klimakreisläufe eingebunden.

Für eine detailliertere Betrachtung von Wetter und Klimageschehen sei hier auf die fachliche Allgemeinliteratur verwiesen, zum Beispiel auf die gut bebilderte „Einführung in die Wetterkunde" [39].

Die Jahreszeiten

Die Sonneneinstrahlung hat hier bei uns in etwa 50 Grad nördlicher Breite am Frühlings- und Herbstpunkt etwa 65% der möglichen Strahlungsintensität. Eine Betrachtung zum Zeitpunkt der Sommer- und Wintersonnenwende zeigt für unsere geographische Breite erhebliche Unterschiede in den Extremwerten der Intensität der Sonneneinstrahlung. Diese Extremwerte sind in Abbildung 13 dargestellt.

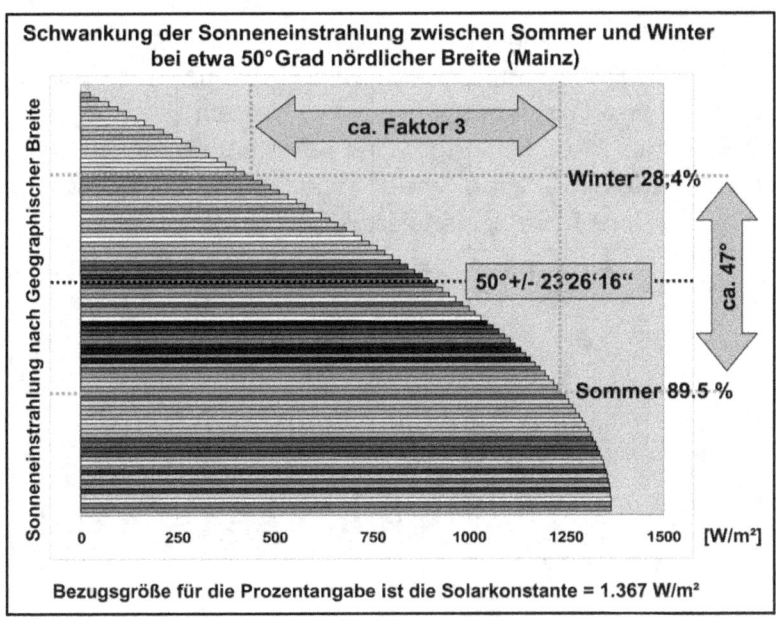

Abbildung 13: Jahreszeitliche Schwankung der Sonneneinstrahlung bei 50 Grad nördlicher Breite

Zwischen Sommer- und Wintersonnenwende schwankt unsere relative Lage zu einem vertikalen Sonnenstand nämlich um etwa 47 Grad. Dieser Wert entspricht genau der scheinbaren Wanderung der Sonne zwischen den beiden **Wendekreisen**. Deshalb verändert sich bei uns das Strahlungsaufkommen zwischen Winter und Sommer etwa um den Faktor 3. Im Sommer kommen wir hier (bei etwa 50 Grad nördlicher Breite) immerhin fast auf 90% der möglichen Maximaleinstrahlung unserer Sonne, im Winter sind es dagegen nur noch knapp 30 Prozent.

Dieser extrem unterschiedliche Energieeintrag der Sonneneinstrahlung macht unsere Jahreszeiten aus (Abbildung 14). Die unterschiedlichen Tageslängen zwischen Sommer- und Winterhalbjahr sind in diesem Beispiel noch nicht einmal berücksichtigt. Eine Betrachtung der tatsächlichen **Globalstrahlung** würde noch wesentlich größere jahreszeitliche Unterschiede aufzeigen.

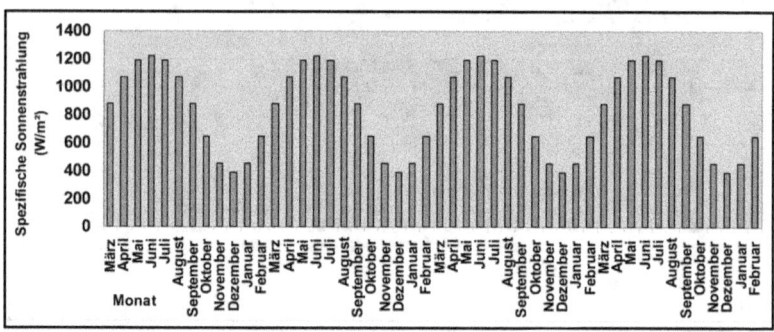

Abbildung 14: Die (vereinfachte) jahreszeitlich wechselnde Sonneneinstrahlung in 50 Grad nördlicher Breite

Es wird aus Abbildung 14 also sofort deutlich, dass wir in unserer Breite erhebliche Probleme haben werden, unseren Energiebedarf über den Jahresverlauf hinweg kontinu-

ierlich durch Solarenergie abzudecken. Denn in die energiearme Winterzeit fällt auch noch unser größter Energiebedarf.
Es ist also genau der bereits beschriebene 30 Grad- (entsprechend 50-Prozent) -Gürtel um den Äquator herum, der deshalb in unseren Planungen für die Gewinnung alternativer Energien eine besondere Rolle zu spielen scheint. Nur hier würde sich der Aufbau von Solarkraftwerken wirtschaftlich rechnen und genau hier befindet sich auch der Klimamotor unserer Erde.
Eine Entnahme des Weltenergieverbrauches aus der Sonnenstrahlung durch alternative Energiegewinnung wäre über die gesamte Erdoberfläche betrachtet mit 0,1 Promille des Gesamtaufkommens der Sonnenstrahlung eher zu vernachlässigen. Bei einer flächenmäßigen Verdichtung einer solchen alternativen Energieentnahme auf den äquatorialen Gürtel müssten wir dagegen sehr wohl Rückwirkungen auf unser Klima erwarten – die Aga-Kröte lässt grüßen!

Also: So ganz wertfrei sind unsere Träume von alternativen Energien nun leider auch wieder nicht!

Wirklich wertfrei sind hier auf unserer Erde nämlich nur die gravitative Wasserkraft, die Erdwärme und die Gezeitenenergie. Diese Energieformen sind unabhängig von der Sonneneinstrahlung und gehen ohne menschliche Nutzung auf natürlichem Wege im Gesamtsystem unter.

Das Kleingedruckte: Im Hinblick auf unerwünschte klimatische Nebenwirkungen durch die Nutzung regenerativer Energien fragen Sie bitte Ihren Klimaforscher oder Meteorologen.

Langperiodische natürliche Klimaschwankungen

Langperiodische natürliche Klimaschwankungen auf unserer Erde werden nach dem serbischen Mathematiker Milutin Milanković als Milanković-Zyklen [40] bezeichnet.

Diese Schwankungen unserer Erdbahn in

- o Präzession (Taumelbewegung der **Ekliptik** um die Senkrechte zur Erdbahnebene)

- o Obliquität (Änderung der Schiefe der **Ekliptik**)

- o Exzentrizität (Veränderung in der Ellipsenform unserer Erdbahn um die Sonne)

können aus den natürlichen Klimaarchiven unserer Erde, wie zum Beispiel Sedimentabfolgen, Baumringen, Tropfsteinen, Korallen oder Eisbohrkernen abgeleitet werden. Abbildung 15 zeigt eine solche frühe Darstellung von Köppen und Wegener [41] aus den zwanziger Jahren des vergangenen Jahrhunderts.

Es ist dort unschwer zu erkennen, dass sich unser Erdklima ständig und mit einer Wiederkehrdauer (**Periode**) von etwa 25.000 Jahren verändert. Diese Periodizität unseres Klimas stimmt ziemlich genau mit der **Präzession** unserer Erdachse überein.

Wir haben in Abbildung 9 gesehen, dass im Nordsommer der Abstand zwischen Erde und Sonne am größten ist. Durch die **Präzession** der Erdachse verschieben sich nun etwa alle 12.500 Jahre die Positionen der Sommerpunkte dergestalt, dass der kürzere Sonnenabstand wechselseitig im Nord- und Südsommer eintritt. Da das Verhältnis von Land- und Meeresflächen auf beiden Halbkugeln aber höchst unterschiedlich ist, dürfte dieses Phänomen einen messbaren Einfluss auf unser Klima ausüben.

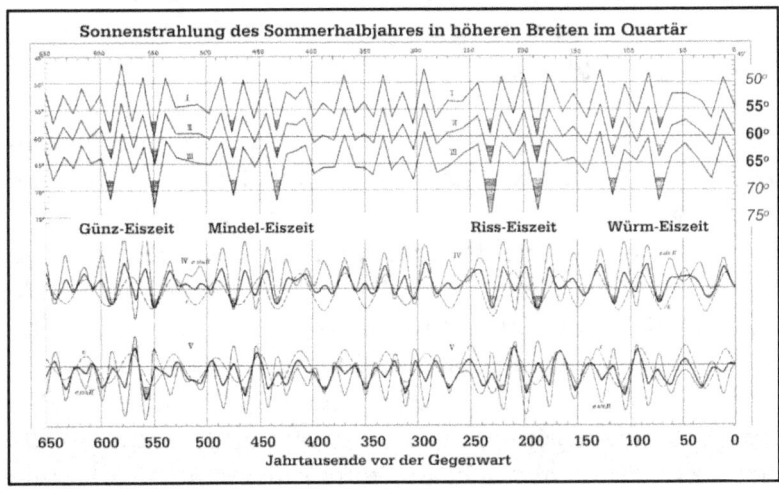

Abbildung 15: Das Klima in der geologischen Vorzeit von Köppen und Wegener aus Wikipedia [41]

Mit den Berechnungen von Milanković kann man auch noch längerfristige Klimaschwankungen mit einer Periode von etwa 100.000 Jahren erklären. Rein rechnerisch könnte es nämlich langzeitliche Schwankungen in der **Exzentrizität** der Erdbahn um die Sonne geben, die zumindest den zugrundeliegenden physikalischen Gesetzen nicht widersprechen würden. Danach schwankt, grob gesagt, die Form der Umlaufbahn unserer Erde um die Sonne zwischen einer nahezu kreisförmigen Gestalt und einer ausgeprägten Ellipse. Bei diesen langzeitlichen Schwankungen unserer Erdbahn ist die Sonne natürlich weiterhin der Festpunkt des Gesamtsystems und die Erdbahn gehorcht weiterhin dem 1. **Kepler**schen Gesetz. Eine solche Veränderung würde im Jahresablauf zu starken Unterschieden in der Entfernung zwischen Erde und Sonne und damit auch in der Intensität der Sonneneinstrahlung zwischen **Perihel** und **Aphel** führen.

Ein kompletter Durchlauf durch die schwankenden **Exzentritäten** unserer Erdbahn würde nach den Berechnungen von Milanković also etwa 100.000 Jahre dauern. Diese **Periodizität** würde ebenfalls recht gut mit paläoklimatischen Daten übereinstimmen. Als Ursache für die schwankende Exzentrizität der Erdbahn werden die Anziehungskräfte der großen Planeten Jupiter und Saturn angesehen. Ein direkter Beweis für die längerfristigen Milanković-Zyklen aus den gemessenen Daten der Erdumlaufbahn um die Sonne ist nicht möglich. Für eine direkte Beweisführung über Bahnschwankungen mit solchen Periodizitäten dürfte nämlich die Zeitreihe der Messwerte für den Abstand zwischen Sonne und Erde noch nicht ausreichen. Bis solche Berechnungen aus direkten Messdaten erfolgen können, werden wohl noch ein paar Jahrzehnte bis Jahrhunderte vergehen!

Interessanterweise könnte es hier auch physikalische Zusammenhänge mit der aktuellen Kollisionstheorie für die Entstehung unseres Mondes geben. Diese Theorie wurde 1975 von Hartmann und Davis veröffentlicht [42]. Danach soll die noch ganz junge Erde schleifend mit einem marsgroßen Nachbarplaneten kollidiert sein, wobei unser Mond aus herausgeschleuderter Erdmaterie entstanden sei. Eine solche schleifende Kollision könnte unserer Erde deshalb möglicherweise einen zusätzlichen Bewegungsimpuls vermittelt haben. Und dieser Bewegungsimpuls könnte nun die Erde um ihre vormalige Gleichgewichtslage zum Zeitpunkt dieses Einschlages schwingen lassen. Solche zusätzlichen Schwingungen wären mangels Bremswirkung über die Erdgeschichte erhalten geblieben und könnten so auch die langperiodischen Milanković-Zyklen erklären.

Jedenfalls ist die Geologie über die Theorie von Milanković höchst erfreut, weil nämlich nirgendwo auf unserer Erde Sedimentgesteine zu finden sind, die wirklich einheitlich über Jahrmillionen abgelagert worden sind, obwohl sich das generelle **Paläoklima** oder die relative Position des entsprechenden Ablagerungsraumes zum Äquator (Stichwort: Kontinentalverschiebung) gar nicht wesentlich verändert haben. Neben erklärbaren jahreszeitlichen Schwankungen gibt es in großen, relativ einheitlichen Gesteinspaketen auch immer länger periodische Strukturen, die bei genauerer geologischer Betrachtung als regelmäßige wiederkehrende Veränderungen der jeweiligen Ablagerungsverhältnisse gedeutet werden.

Aus diesen Erkenntnissen heraus ist in den vergangenen Jahrzehnten die geologische **Sequenzstratigraphie** entstanden. Grundlage der Sequenzstratigraphie sind schwankende Meeresspiegel, die zu einer relativen Lageänderung von Erosions- und Sedimentationsräumen in Bezug auf die geologischen Transportwege führen.

Konsequenzen aus dem natürlichen Klimageschehen

Wir haben jetzt die wesentlichen Antriebsmechanismen für unseren Klimamotor kennengelernt. Was wir allerdings nicht oder nicht ausreichend kennen, sind die Mechanismen, mit denen diese Regelkreise zusammen hängen. Vor dem dargestellten erdgeschichtlichen Hintergrund bietet es sich für uns jedenfalls nicht an, eine reine CO_2-Vermeidung um jeden Preis zu betreiben und alle anderen Einflussfaktoren einfach zu ignorieren.
Schließlich können wir unsere wirtschaftlichen Ressourcen nur einmal ausgeben, und dafür sollten wir dann wenigstens ein optimales Preis-Leistungs-Verhältnis erzielen. Am Ende sollten wir dann also mehr Werte schaffen, als wir ursprünglich eingesetzt haben.

Mit dem Wissen um die fortwährende Veränderlichkeit unseres Weltklimas müsste von den **Protagonisten** der Klimakatastrophe also jedenfalls die Erklärung eingefordert werden, wo wir denn aktuell im natürlichen Klimaverlauf unserer Erde eigentlich stehen:
Leben wir momentan in einer natürlichen Klimaerwärmung oder in einer natürlichen Abkühlungsphase unseres Erdklimas??

Die Antwort auf diese Fragestellung wäre nämlich entscheidend für die Zeit, die uns für unser weiteres Vorgehen zur Verfügung stehen würde. Bisher wurde auf diese Frage aber noch keine schlüssige Antwort publiziert.

Ein Beispiel: Unterstellen wir einmal ganz vereinfacht eine natürliche Schwankung des Klimas auf unserer Erde von

+/- 2,5 Grad mit einer Periode von 25.000 Jahren (Abbildung 16).
Je nach Standort auf dieser Kurve hätte die drohende Hockeyschläger-Kurve für die Durchschnittstemperatur auf unserer Erde nämlich sehr unterschiedliche Konsequenzen!

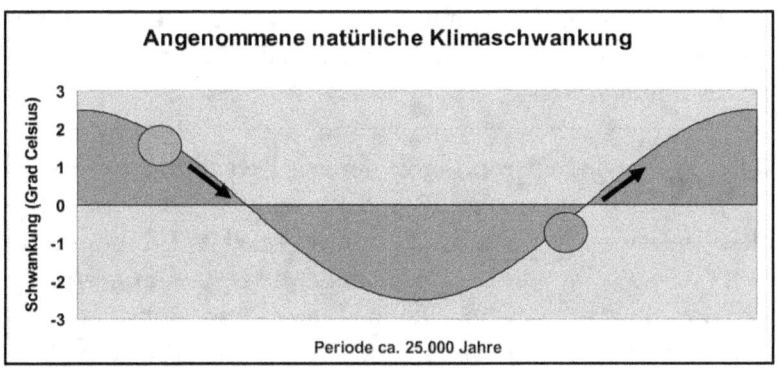

Abbildung 16: Eine angenommene natürliche Klimaschwankung von +/- 2,5 Grad mit einer 25.000 jährigen Wiederkehrdauer (Periode) und Trendpfeilen
(Erklärungen im Text)

Und damit wären dann auch die verfügbaren Zeithorizonte und die erforderlichen Maßnahmen zur Begrenzung des **antropogenen** Eintrags von Klimagasen sehr unterschiedlich.

Wenn wir gegenwärtig in einem klimatischen Abwärtstrend liegen würden (grüner Punkt in Abbildung 16), dann würde die befürchtete antropogene Klimaerwärmung diesem natürlichen Trend entgegenwirken und die Folgen eines Klimaminimums für die Menschheit eher abmildern. Stünden wir dagegen vor oder in einer natürlichen Klimaerwärmung (roter Punkt in Abbildung 16), dann würde der

antropogene Einfluss diesen Trend noch beschleunigen. Aber auch eine völlige Vermeidung des technisch-menschlichen CO_2-Ausstoßes würde diesen natürlichen Klimatrend dann nicht aufhalten können.

Das Klimageschehen auf unserer Erde ist also so komplex, dass man für jede denkbare Aussage eine Einflussgröße benennen kann, um damit die gewünschte Gesetzmäßigkeit nachzuweisen; natürlich unter Auslassung der übrigen Einflussfaktoren.

Es gibt inzwischen übrigens neuere Forschungsergebnisse, die uns aus der aktuellen Entwicklung der Sonnenflecken heraus eine weitere „kleine Eiszeit" vorhersagen [43], wie sie ja bereits einmal im Mittelalter aufgetreten ist. Damals hatte diese „kleine Eiszeit" zu Hungersnöten und Auswanderungswellen geführt. Noch kann die Wissenschaft nicht mit Sicherheit sagen, wie sich der nächste 11-jährige Sonnenfleckenzyklus entwickeln wird. Jedenfalls hat sich nach neuesten Forschungsergebnissen die aktuelle Verteilung der Sonnenflecken auf der Sonnenoberfläche gegenüber der üblichen Normalverteilung bereits deutlich verändert.

Beachtenswert ist vielleicht noch, dass es offenbar eine Diskussion unter den Klimawissenschaftlern gibt, ob die mittelalterliche „kleine Eiszeit" und das gleichzeitig beobachtete Sonnenfleckenminimum rein zufällig auf denselben Zeitraum gefallen sind oder ob es sich dabei um einen ursächlichen Zusammenhang handelt.
Wie wir gesehen haben, treibt die Sonne mit einer durchschnittlichen Strahlungsleistung von 1.367 Watt pro Quadratmeter den Klimamotor auf unserer Erde an. Der Wär-

metransport aus dem heißen Erdinneren an die Erdoberfläche beträgt dagegen nur 0,07 W/m^2 oder 70 Milliwatt pro Quadratmeter **[44]**! Nur zum Vergleich: In einem normalen Sonnenfleckenminimum verringert sich die Strahlungsleistung der Sonne um etwa 1 Promille **[6]** oder etwa 1,37 Watt pro Quadratmeter.

Allein die Sonneneinstrahlung und ihre Wechselwirkungen mit unserer Atmosphäre stehen zwischen uns und der Temperatur im Weltraum von etwa -270 Grad Celsius **[45]**, die nahe am **absoluten Nullpunkt [46]** liegt! Deshalb sollte sich von vornherein jeder Zufall zwischen Schwankungen der Sonnenaktivität und Klimaschwankungen auf unserer Erde ausschließen lassen! Der aktuelle Wissensstand über den solaren Klimaantrieb wird in dem Buch „Die kalte Sonne" von Vahrenholt und Lüning **[34]** ausführlich dargestellt.

Mit dem Beginn der Industrialisierung war die Millionen Jahre währende natürliche Klimageschichte unserer Erde jedenfalls nicht einfach beendet! Es bleibt die Frage, wo denn die gesicherten Erkenntnisse der Geowissenschaften in den Hochrechnungen für das Weltklima eigentlich abgeblieben sind! Aus den natürlichen Schwankungen unseres **Paläoklimas** lässt sich für die nähere geologische Zukunft jedenfalls eher eine neue Eiszeit ableiten (**[47]**, Zeitreihen in Abbildung 4) als eine Wärmekatastrophe. Danach steht unsere Erde momentan in einem Minimum der Vereisung, während die Durchschnittstemperatur unserer Erde in einem Maximum steht **[7]**.

Es kann also, geologisch gesehen, auf unserer Erde eigentlich nur noch kälter werden, und zwar ziemlich genau um 8 Grad Celsius!

Der Mensch

Entwicklung des Menschen

Unsere Erde ist also bereits 4,6 Milliarden Jahre alt. Der moderne Mensch existiert aber erst seit 400.000 Jahren, mit seinen älteren Entwicklungsstufen seit Abspaltung unserer Linie von den gemeinsamen Vorfahren mit den Primaten werden es insgesamt etwa 2 Millionen Jahre sein.

Den größten Teil dieser 400.000 Jahre hat der moderne Mensch als Raubtier direkt von der Natur gelebt, sprich als Jäger und Sammler. Dabei hat der Mensch offenbar sehr frühzeitig in den Haushalt der Natur eingegriffen und war eventuell sogar am Aussterben der eiszeitlichen Großsäuger beteiligt.

Irgendwann hat der Mensch dann angefangen, Nutztiere zu domestizieren und als nomadisierender Hirte zu leben.

Aber erst nach der letzten Eiszeit, vor etwa 10.000 Jahren, kam es zu einer epochalen Veränderung: Der Mensch wurde zum Bauern.

Von da an veränderte der Mensch aktiv und willentlich seine Umwelt: Er hat großräumig Wälder gerodet und bereits sehr frühzeitig diejenigen Wildtiere systematisch bekämpft, die seinen Herden gefährlich werden konnten. So reichte beispielsweise der ursprüngliche Lebensraum des Löwen einst bis weit nach Europa hinein. Aus der Antike ist noch die Existenz von Löwen auf dem Balkan überliefert; ihr Aussterben dort wird auf das erste Jahrhundert nach Beginn unserer Zeitrechnung datiert [48].

Bei der Betrachtung von historischen Zeiträumen nehmen wir üblicherweise die geschichtlichen Geschehnisse als Tatsachen hin und stellen dabei eher die überlieferten Zahlen in den Vordergrund.

Aber wenn wir für den überwiegenden Teil der historischen Menschheitsgeschichte eine bäuerliche Kultur mit einfacher Technologie voraussetzen, dann sollten uns eigentlich historische Ereignisse wie die „Völkerwanderung" in Nordeuropa, die „Wikingerkriege" und der „Hunnensturm" sehr neugierig machen!

Denn es gibt für eine ortsgebundene bäuerliche Kultur doch nur zwei wirkliche Gründe, um den angestammten Lebensraum zu verlassen: Vertreibung und Hungersnot, wobei diese beiden Faktoren auch ursächlich zusammenhängen können.

Denn die Existenzgrundlage einer ortsgebundenen bäuerlichen Bevölkerung lag zu den Zeiten der genannten Ereignisse bereits mehrheitlich auf der landwirtschaftlichen Produktion, außer vielleicht bei Hunnen und Mongolen als Hirtennomaden. Jagen und Sammeln konnte also bei einer räumlichen Bindung an die erforderlichen Anbauflächen nur noch einen Zusatzfaktor für die Ernährung darstellen.

Eine Wanderung solcher bäuerlicher Gruppen aus freiem Willen wäre daher in einer ersten Annäherung absurd, weil sich eine solche Gruppe dann von ihrer regelmäßigen Nahrungsgrundlage entfernen würde und die Versorgung mit Nahrungsmitteln dem Zufall überlassen bliebe. Für das mittlere und nördliche Europa käme als zusätzliche Erschwernis die Beschaffung von ausreichenden Wintervorräten für die vegetationsarmen Jahreszeiten hinzu. Aus der Notwendigkeit, Vorräte für den Winter anzulegen, soll sich übrigens auch die „German Angst" herleiten [49], die danach wohl besser als „nordische Angst" zu bezeichnen wäre.

Eine Klimaverbesserung würde in einer bäuerlichen Kultur zunächst einmal produktive Überschüsse frei setzen, die unter günstigen Voraussetzungen zu einer flächenmäßigen Ausbreitung oder einer kulturellen Weiterentwicklung führen könnten.

Ein daraus möglicherweise resultierender Faktor, nämlich eine Übervölkerung, also ein Bevölkerungswachstum bei günstigen klimatischen Bedingungen über die erforderliche Nahrungsmittelproduktion hinaus, würde in erster Näherung wohl zu Wanderbewegungen, aber zunächst einmal nicht zu einem vollständigen Verlöschen von Bevölkerungsgruppen in ihren ursprünglichen Siedlungsgebieten führen.

Es wäre sicherlich vermessen, eine monokausale Beziehung zwischen den nacheiszeitlich aufgetretenen Klimaschwankungen und den unten genannten historischen Ereignissen herzustellen, aber es ist ein sehr interessanter Ansatz. Eine historische bäuerliche Kultur muss nämlich mit Sicherheit ganz unmittelbar auf Klimaveränderungen reagiert haben, weil sie kaum technische Möglichkeiten besaß, um einen Ausgleich für klimatische Einschränkungen aus eigener Kraft herzustellen. Deshalb dürften sich negative klimatische Ereignisse unmittelbar auf das Ernteergebnis und damit auf die (Über-) Lebensgrundlage einer solchen bäuerlichen Kultur ausgewirkt haben, wie das für die „kleine Eiszeit" bis Mitte des 19. Jahrhunderts ja auch historisch überliefert ist.

Schwankungen der Durchschnittstemperatur von 1-2 Grad nach oben und unten haben auf eine bäuerliche Gesellschaft also einen vitalen Einfluss:

- o Eine Erhöhung der Durchschnittstemperatur um wenige Grade verlängert in unseren Breiten die Vegetationszeit und sorgt so für eine bessere Ernährungssituation.

- o Ein paar Grade weniger führen zu Mangelernährung, Destabilisierung und Wanderbewegungen.

Es müsste also vielleicht möglich sein, das historische Verhalten größerer Bevölkerungsgruppen in regressive (in diesem Fall einschränkende) Phasen mit Wanderbewegungen und expansive (ausbreitende) Phasen mit kultureller Blüte zu unterscheiden und mit den möglicherweise hinterlegten positiven und negativen klimatologischen Veränderungen abzugleichen. Solche Zusammenhänge können hier lediglich für unseren eigenen Kulturkreis dargestellt werden, weil eine weltweite geschichtshistorische Klimabetrachtung das Thema dieses Buches verlassen und seinen eigentlichen Rahmen sprengen würde. Die in Abbildung 17 dargestellten Abweichungen von der Durchschnittstemperatur dürften aber in unterschiedlicher Ausprägung weltweit eingetreten sein und haben sicherlich auch anderswo auf unserer Erde den Verlauf der Geschichte beeinflusst.

Behringer zeigt zum Beispiel in seiner „Kulturgeschichte des Klimas" **[50]** sehr eindrucksvoll auf, wie existenziell sich die von der IPCC-nahen Klimaforschung marginalisierten Temperaturschwankungen in der Vergangenheit tatsächlich auf historische bäuerliche Gesellschaften ausgewirkt haben.

Es ist an dieser Stelle zu erwähnen, dass die neuere wissenschaftliche Forschung heute einige der unten dargestellten nacheiszeitlichen Temperaturminima mit geologischen Ereignissen zusammenbringt. Hier sind in erster Linie Vulkanausbrüche zu nennen, die über einen begrenzten Zeitraum von Monaten bis Jahren zu einer weltweiten Einschränkung der Sonneneinstrahlung geführt haben können.

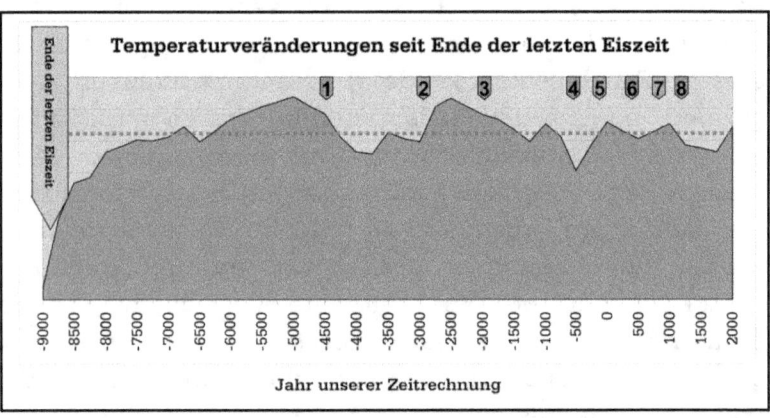

Abbildung 17: Generalisierter Verlauf der Durchschnittstemperatur seit dem Ende der letzten Eiszeit
Vereinfachte Darstellung mit historischen Markern
Die jeweiligen Ziffern für die historischen Ereignisse sind farblich hinterlegt in **expansiv=grün und regressiv=rot**
rot gepunktet = Durchschnittstemperatur

Betrachten wir einmal die großen, historisch bekannten Kulturen und Wanderbewegungen in unserem Geschichtskreis, wie sie in Abbildung 17 markiert sind:

(1) Eindringen der Megalithkultur in Westeuropa (ca. 4. Jahrtausend v. Chr., Streitaxtleute, Schnurkeramiker)
(2) Erste Hochkulturen in Mesopotamien und Ägypten (und auch in Indien und China) im 3. Jahrtausend v. Chr.
(3) Beginn der Indogermanischen Wanderung ab dem 2. Jahrtausend v. Chr., Dorische Wanderung (um 1200 v. Chr.) und Seevölkersturm in Ägypten (um 1192 v. Chr.)
(4) Keltische Südwanderung ab dem 4. Jahrhundert v. Chr.
(5) Blütezeit Roms
(6) Hunnensturm und (nord-) europäische Völkerwanderung 4. bis 6. Jahrhundert
(7) Wikingerausbreitung und -kriege vom 8. bis 11. Jahrhundert
(8) Mongolensturm im 13. Jahrhundert und letzte schriftliche Erwähnung der Grönland-Wikinger um 1400 n. Chr.

Trotz der vom IPCC marginalisierten historischen Klimaschwankungen soll sich ja nach den dort veröffentlichten Hochrechnungen [11] eine künftige Klimaerwärmung ganz besonders in mittleren und höheren Breiten auswirken, was durchaus als ein Beweis für die oben aufgeführten Thesen angesehen werden kann. Hier ist sicherlich die wissenschaftliche Forschung gefordert, die Erkenntnisse der einzelnen Fachdisziplinen interdisziplinär abzugleichen und damit ein monolithisches Geschichtsbild zu zeichnen, das über die bloße Abfolge von historischen Ereignissen hinaus auch die Erkenntnisse über das natürliche Klimageschehen einschließt.

Insbesondere in der Landwirtschaft können wir die Veränderungen erkennen, der unsere Gesellschaft in den vergangenen Jahrhunderten seit Beginn der Industrialisierung unterworfen gewesen ist. So arbeiteten noch Anfang des 20. Jahrhunderts etwa 80 Prozent der Bevölkerung in der Landwirtschaft [51]; heute sind es dagegen weniger als 5 Prozent! Es hat also nicht nur eine technische Industrialisierung gegeben, sondern parallel dazu auch eine Industrialisierung unserer Nahrungsmittelproduktion. Diese Industrialisierung der Nahrungsmittelproduktion hat uns als Individuen eine weitgehende Unabhängigkeit in der Nahrungsbeschaffung beschert. Auf der Gegenseite steht, dass wir die Kenntnis über die natürlichen Einflussgrößen, von denen unsere Nahrungsmittelerzeugung abhängig ist, zwischenzeitlich verloren haben. Wir sind also heute gar nicht mehr in der Lage, aus persönlicher Kenntnis heraus zu erfassen, was eine Klimaveränderung für unsere primären Lebensgrundlagen wirklich bedeutet und müssen uns deshalb auf vorfabrizierte Horrorszenarien stützen. Und diese Horrorszenarien treffen genau die gegenteilige Aussage wie die historischen Daten für eine bäuerliche Gesellschaft, nämlich: Warm ist schlecht und kalt ist gut!

Halten wir also fest: Historisch gesehen hat sich eine Klimaerwärmung immer positiv auf eine bäuerliche Gesellschaft ausgewirkt!

Beteiligung des Menschen am Klimageschehen

Einen konstanten vorindustriellen Anfangszustand für unser Erdklima hat es niemals gegeben, nur einen, nicht unwidersprochenen [24], vorindustriellen CO_2-Gehalt unserer Atmosphäre von 280 ppm. Aber wir machen uns Gedanken um eine Klimakatastrophe und wissen nicht einmal, wo wir in den natürlichen Schwankungen unseres Klimas im Moment eigentlich stehen.
Was jetzt immer wieder in den Medien als Beweis für die Klimakatastrophe gezeigt wird, sind die sogenannten „Hockeyschläger"-Kurven. Ob Temperatur oder CO_2-Gehalt der Atmosphäre, alle diesbezüglichen Darstellungen enden in einem solchen Hockeyschläger. Die solchen Darstellungen zugrunde liegenden Datengrundlagen mögen sogar völlig richtig sein, aber man sollte hier und da doch einmal genauer auf die Wahl des Maßstabes achten. Außerdem bleibt festzuhalten, dass die alleinige Angabe von Prozentwerten wenig hilfreich für ein tieferes Verständnis von Zusammenhängen ist und deshalb auch immer ein klarer Bezug zu den absoluten Zahlen und dem Nullpunkt der jeweiligen Skala hergestellt werden sollte.

Seit Beginn der Industrialisierung hat sich der antropogene CO_2-Ausstoß ständig erhöht, wie in Abbildung 18 dargestellt ist. Bei einem entsprechend gewählten Maßstab könnte man diesen Verlauf übrigens auch als eine Hockeyschläger-Kurve darstellen. Momentan beträgt der CO_2-Gehalt unserer Atmosphäre etwa 380 ppm.

Im Jahre 2002 betrug der weltweite technische CO_2-Ausstoß etwa 25 Milliarden Tonnen (25 Gigatonnen).

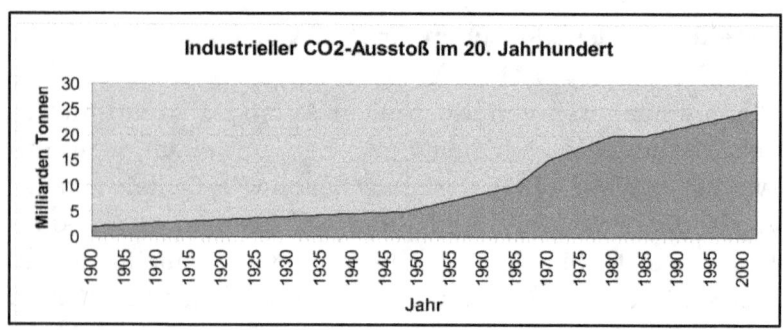

Abbildung 18: Der industrielle CO_2-Ausstoß im 20. Jahrhundert (Milliarden Tonnen = Gigatonnen)

Dieser CO_2-Ausstoß wird nun zwingend mit den gleichzeitigen Temperaturveränderungen auf unserer Erde zusammengebracht und in Klimaszenarien hochgerechnet. Dabei wissen wir eigentlich gar nicht, welche natürlichen Schwankungen des Weltklimas diesem gemessenen Temperaturanstieg hinterlegt sind. Also können wir die Konsequenzen daraus eigentlich auch gar nicht abschätzen. Insbesondere können wir den Temperaturanstieg nicht allein unserem technischen CO_2-Ausstoß zuschreiben.
Eine Hochrechnung in die Zukunft gelingt also nur, wenn wir dafür ein konstantes vorindustrielles Weltklima unterstellen, das auch weiterhin exakt so andauert. Folgerichtig wird von den **Protagonisten** der Klimakatastrophe dann auch die historisch belegte „kleine Eiszeit" im Mittelalter zu einer „Depression" eines ansonsten konstanten Klimageschehens auf unserer Erde degradiert. Wir hatten aber im erdgeschichtlichen Teil bereits gesehen, dass unser Weltklima in geologischen Zeiten niemals konstant gewesen ist. Gleichgültig, welchen zeitlichen Ausschnitt wir auch näher betrachten, aus dem Klimageschehen unserer

Erde bilden sich immer wieder ähnliche Ausschläge und Verläufe heraus, man könnte auch sagen, das Klimageschehen auf unserer Erde habe eine **fraktale** Struktur. Schauen wir doch einmal den wirklichen Tatsachen ins Auge: Die Weltbevölkerung hat dieser Tage gerade die 7-Milliarden-Grenze überschritten (Abbildung 19)!

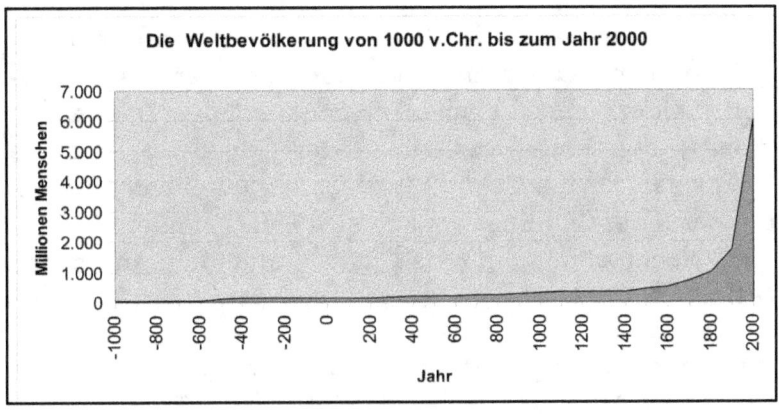

Abbildung 19: Die Entwicklung der Weltbevölkerung

Auch die Bevölkerungsentwicklung auf unserer Erde stellt nämlich eine „Hockeyschläger"-Kurve dar, die sich mit dem weiteren Bevölkerungswachstum auf unserer Erde auch noch weiter aufsteilen wird! Und alles, was in direktem Zusammenhang mit dieser Weltbevölkerung steht, folgt deshalb ebenfalls einer Hockeyschlägerkurve, Energieerzeugung, Nahrungsmittelproduktion, Trinkwasserverbrauch, Abfallaufkommen, Körperfunktionen und ...
Allein der direkte **antropogene** CO_2-Eintrag durch das Atmen stellt eine Hockeyschläger-Kurve dar. Jeder Mensch auf unserer Erde erzeugt nämlich durch das Atmen etwa eine Drittel Tonne CO_2 pro Jahr. Allein im Jahre 2002 be-

trug dieses unvermeidbare CO_2–Aufkommen aus der Atemluft der Weltbevölkerung etwa 2 Milliarden Tonnen. Wir müssen also erkennen, dass die schiere Masse der Weltbevölkerung das eigentliche Problem von Mutter Erde ist, oder besser, ein erhebliches Problem für unseren eigenen Lebensraum auf dieser Erde darstellt!

Die prognostizierte Klimakatastrophe soll nun durch den industriellen CO_2-Ausstoß des Menschen verursacht werden. Leider verschwimmen in der medialen Darstellung dieser Katastrophe die Zahlen der Gegenwart und die Prognosen für die Zukunft, sodass es vorteilhaft ist, sich auf Basis der CO_2-Emissionen des 20. Jahrhunderts einmal eine Hochrechnung für das 21. Jahrhundert anzusehen (Abbildung 20).

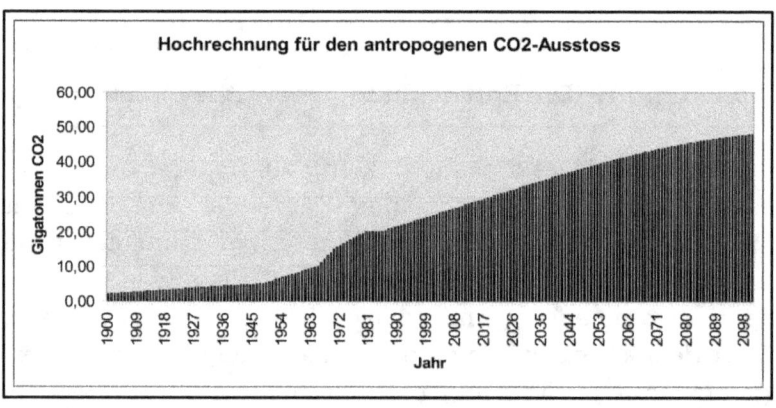

Abbildung 20: Eine Hochrechnung für den industriellen CO_2-Ausstoß der Weltbevölkerung

Wir stehen heute bei aktuell etwa 30 Gigatonnen industrieller CO_2-Emissionen im Jahr. Die Klimakatastrophe erfordert aber einen Anstieg des jährlichen CO_2-Aufkommens auf knapp 50 Gigatonnen pro Jahr bis zum Ende dieses Jahrhunderts, was dann in Summe etwa einer Verdoppelung des atmosphärischen CO_2-Gehaltes bei einem Temperaturanstieg von knapp 2 Grad entsprechen würde.

Der antropogene CO_2-Dreisatz: Der vorindustrielle CO_2-Gehalt in unserer Atmosphäre betrug 280 ppm. Für den Zeitraum zwischen 1900 und 2002 summiert sich der antropogene Eintrag von CO_2 in die Atmosphäre auf insgesamt etwa 1.000 Gigatonnen und hat für eine Erhöhung des atmosphärischen CO_2-Gehaltes um 100 ppm auf 380 ppm geführt. Die Verdoppelung der atmosphärischen CO_2-Konzentration auf 760 ppm würde nach einem einfachen Dreisatz folglich weitere 3.800 Gigatonnen CO_2 erfordern.

Anmerkung: In dieser Rechnung wird, analog zur CO_2-Abschätzung auf Seite 46, ein atmosphärischer Nettoverbleib von 80 Prozent des antropgenen CO_2-Ausstosses unterstellt.

Bei einem konstanten jährlichen CO_2-Ausstoss von 30 Gigatonnen würde die Weltbevölkerung also etwa 125 Jahre für einen antropogenen Temperaturanstieg von knapp 2 Grad Celsius benötigen. Bei einer Verweilzeit von 120 Jahren für CO_2 in unserer Atmosphäre [52] dürfte es bei einem konstanten CO_2-Ausstoss dann keinen weiteren Temperaturanstieg mehr geben.

Die erwartete Klimakatastrophe gründet sich also weniger auf den aktuellen globalen CO_2-Ausstoss der Menschheit, als vielmehr auf den befürchteten Zuwachs dieser CO_2-Emissionen in der Zukunft!

Der „logistische" Fußabdruck des Menschen

Noch bis weit in die 60-er Jahre des vergangenen Jahrhunderts hinein war die Versorgung der Bevölkerung mit Nahrungsmitteln, natürlich ohne die Südfrüchte, weitgehend regional organisiert (Abbildung 21).

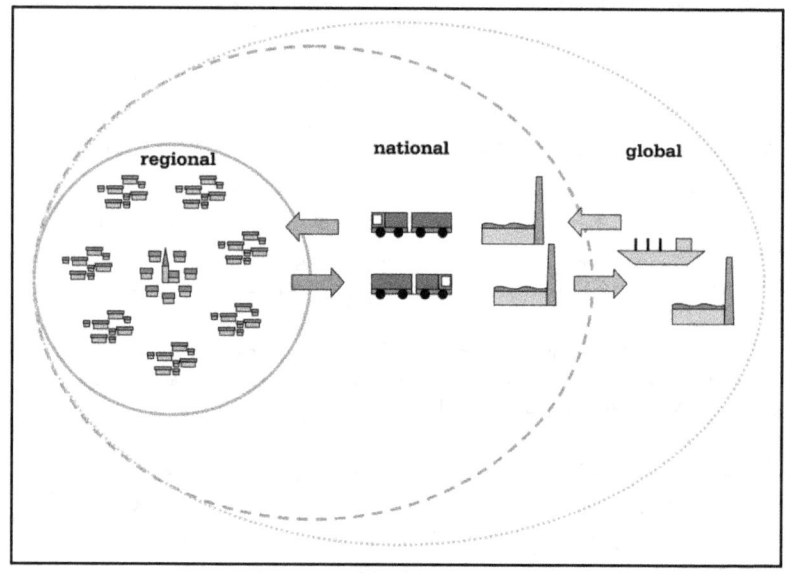

Abbildung 21: Schematische Versorgungslogistik bis in die 60-er Jahre des vergangenen Jahrhunderts

Am Beispiel der Molkereien kann man den Verlauf der nachfolgenden Entwicklung sehr gut beschreiben. Viele dörfliche Gemeinschaften und Kleinststädte verfügten zu Beginn dieser Entwicklung nämlich noch über eigene Molkereien zur Versorgung der örtlichen Bevölkerung mit Milchprodukten. Rationalisierungen und Konkurrenzdruck

haben dann im Laufe von wenigen Jahrzehnten zu einer Zentralisierung auf einige wenige nationale Anbieter geführt. Dazu dürften sicherlich auch der steigende Marktanteil der Supermärkte und die Einkaufsmacht der Supermarktketten beigetragen haben.
Heute werden Milchprodukte von wenigen zentralen Herstellern zu ihren Verbrauchern in ganz Deutschland transportiert. Und die einzelnen Versorgungsnetze der verschiedenen Großproduzenten dürften sich dabei fast vollständig überschneiden.

Rationalisierungen in der Produktion und die Vereinheitlichung von Produkten haben so oder ähnlich in vielen Bereichen der Nahrungsmittelproduktion zu einer Konzentration auf wenige Anbieter bei einer erheblichen Ausweitung der logistischen Verteilungsnetze geführt.

Durch die Globalisierung hat sich dieser Prozess über Ländergrenzen hinaus immer weiter fortgesetzt (Abbildung 22). Insbesondere die Produktion von technischen Geräten konzentriert sich dabei immer stärker auf die Schwellenländer mit industriellen Minimallöhnen.

Heute fährt der Verbraucher in seinem Einkaufswagen also eine bunte Mischung von Produkten herum, deren Herkunft sich auf die halbe Welt verteilt. Diese Entwicklung war nur möglich, weil Rationalisierung immer als eine reine Reduzierung von direkten Kosten aufgefasst worden ist, und zwar auf Basis der Verbraucherpreise für das betreffende Produkt selbst inklusive der zugehörigen Verteilungslogistik.

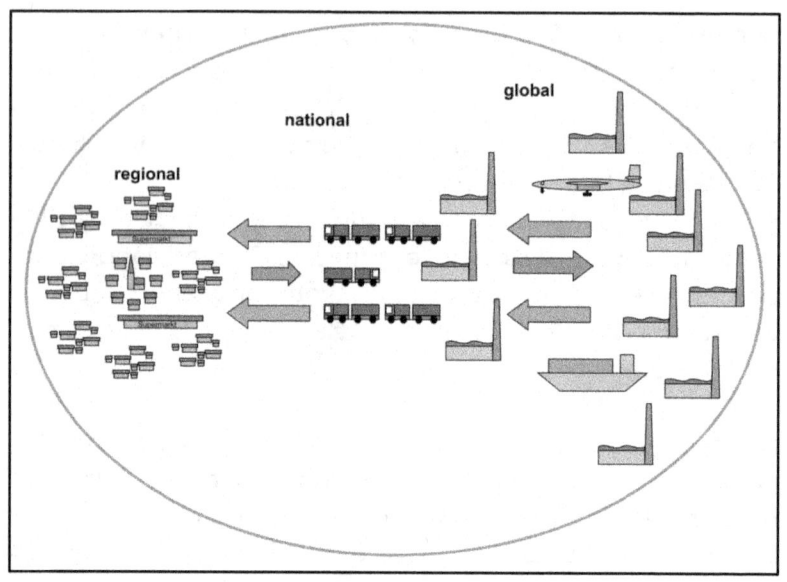

Abbildung 22: Schematische Versorgungslogistik nach der Globalisierung

Die Kosten für den Wegfall von Arbeitsplätzen in einer Region, für den Straßen-, Hafen- und Flughafenbau und für die Emissionen der Logistikketten werden dabei den Produkten selbst nicht zugerechnet. In den Verbraucherpreisen erscheinen vielmehr lediglich die anteiligen Nutzungsentgelte für diese Transportkette.

Und so können dann schließlich Schnittblumen aus Brasilien auf einem Hamburger Wochenmarkt preislich günstiger angeboten werden als die Blumen aus dem Alten Land.

Grundsätzlich betrachtet lässt sich der Anfangszustand vor Zentralisierung und Globalisierung der Nahrungsmittelproduktion also als eine regionale Versorgung der Bevölkerung mit Nahrungsmitteln, regional angesiedelten Arbeitsplätzen in der Nahrungsmittelproduktion und jahreszeitlichen Einschränkungen in der Produktverfügbarkeit beschreiben.

Im Verlauf von Zentralisierung und Globalisierung wurden dann nationale und internationale Logistikketten aufgebaut, die, bei einer Einschränkung der regionalen Produktvielfalt, zu einer generellen und ganzjährigen Verfügbarkeit von Nahrungsmittelprodukten geführt haben.

Diese Entwicklung hat für den Einzelnen sicherlich zu einer Steigerung der Lebensqualität geführt!

Dabei ist die beschriebene Entwicklung natürlich nicht ohne eine gewaltige volkswirtschaftliche Umverteilung abgelaufen. Eigentlich haben wir dabei am Ende ja regionale Arbeitsplätze und kurze Verteilungswege in internationale Arbeitsplätze und internationale logistische Verteilungsnetze umgewandelt.

Seit 1980 hat sich der internationale Außenhandel fast verzehnfacht [53]. Die Abbildungen 23 A und B zeigen diese Entwicklung zwischen für den Zeitraum zwischen 1980 und 2008.

In der Debatte um eine mögliche Klimakatastrophe müssen wir uns also auch ganz ernsthaft fragen, ob wir uns den weiteren Ausbau der weltweiten logistischen Verteilungsnetze, und damit eine weitere Globalisierung der Weltwirtschaft, ökologisch überhaupt leisten wollen und leisten können.

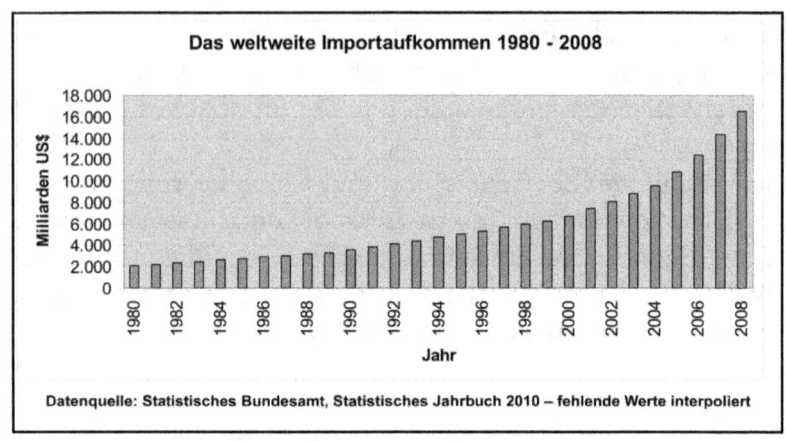

Abbildung 23 A: Entwicklung des internationalen Importaufkommens für die Jahre 1980 – 2008

Abbildung 23 B: Entwicklung des internationalen Exportaufkommens für die Jahre 1980 - 2008

Dieser Prozess dürfte aber nicht mehr so einfach umkehrbar sein, jedenfalls nicht ohne erhebliche Einschränkungen unseres Lebensstandards und unserer persönlichen Ansprüche. Das heißt allerdings nicht, dass wir die weltweite Logistik in unserer Klimadiskussion ausschließen dürfen, indem wir in dieser Diskussion lediglich unseren eigenen persönlichen Energieverbrauch betrachten! Schließlich muss uns der für unsere Versorgung mittelbar notwendige Energieverbrauch ebenfalls anteilig zugerechnet werden.

Die beschriebene Entwicklung gilt analog auch für unser Urlaubsverhalten [54], wie das in Abbildung 24 dargestellt ist.

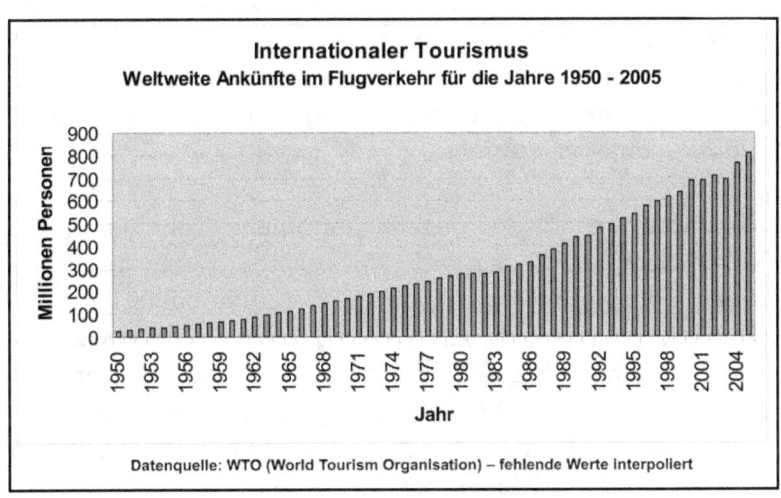

Abbildung 24: Entwicklung des Tourismus
Weltweite Ankünfte im Flugverkehr (1950 – 2005)

Noch vor einem Jahrhundert sind die Menschen ihr ganzes Leben lang kaum aus ihrem Heimatdorf herausgekommen, wenn sie denn überhaupt jemals Urlaub gemacht haben. Inzwischen sind internationale Fernreisen für uns selbstverständlich geworden. Die damit verbundene Transport- und Versorgungslogistik ist aber auch nicht verbrauchsneutral. Dem steht sicherlich die positive Tatsache gegenüber, dass der Tourismus heute für viele der ärmeren Länder eine Haupteinnahmequelle darstellt und regionale Arbeitsplätze schafft.

Aber auch die mittelbaren Energieaufwendungen für unsere Transport- und Versorgungslogistik im individuellen Reiseverkehr müssen dem persönlichen Energieverbrauch zugerechnet werden. Wenn wir also den diskutierten weltweiten Klimaschutz ernst nehmen wollen, dann müssten wir uns auch hier von lieb gewordenen Gewohnheiten verabschieden. Denn alle hier gezeigten Grafiken zeigen wieder einmal mehr oder weniger deutlich die berüchtigte „Hockeyschläger-Kurve".

Wir haben uns in der gesellschaftlichen Klimadiskussion bisher weitgehend auf den CO_2-Ausstoß durch die individuelle Energieversorgung und den Individualverkehr beschränkt. Es muss uns allen aber ganz klar sein, dass eine solche eingeschränkte Sichtweise nicht der Realität entspricht! Wenn wir die Bedrohung unseres Weltklimageschehens durch den CO_2-Ausstoß ernst nehmen, dann wird es nicht ausreichen, einfach einen CO_2-Ablass zu bezahlen und so weiterzumachen wie bisher.

Wir werden vielmehr unser Alltagsleben komplett umstellen müssen und auf viele unserer lieb gewordenen Gewohnheiten und Bequemlichkeiten verzichten müssen!

Der menschliche Einfluss auf den natürlichen CO_2-Kreislauf

Die Vegetation auf unserer Erde hat durch den natürlichen Verbrauch von CO_2 aus unserer Atmosphäre schließlich erst den Sauerstoff erzeugt, der die Grundlage für alles tierische Leben auf unserer Erde darstellt. Wir haben gesehen, dass der wesentliche Sauerstoffanteil unserer Atmosphäre aus der Einlagerung fossiler Kohlenwasserstoffe entstanden ist. Die aktuelle Biosphäre liefert dazu lediglich einen Beitrag von etwa 2 Prozent.

Im industriellen Zeitalter hat sich der Mensch dann die Erde im biblischen Sinne tatsächlich zum Untertan gemacht, indem er ihre natürlichen Ressourcen rücksichtslos und ohne Einsicht in deren Endlichkeit ausgebeutet hat. Nicht, dass das nicht auch schon zu früheren Zeiten geschehen wäre, man denke an die verschwundenen Zedern des Libanon, die Lüneburger Heide als **antropogene** Kultursteppe oder die Abholzung ganzer Mittelgebirge zur Holzkohleherstellung und deren Wiederaufforstung mit schnell wachsenden, standortfremden Arten. Aber das waren lokale Eingriffe, die für Mutter Erde eher Nadelstiche bedeutet haben.

Seit Beginn des industriellen Zeitalters haben solche Eingriffe allerdings weltweite Dimensionen angenommen. Begriffe wie „Abholzung der Regenwälder" und „Verschmutzung der Weltmeere" sind uns allen inzwischen leider ganz gut geläufig. Dahinter steht die Zerstörung derjenigen natürlichen Lebensräume, die Sauerstoff produzieren und die insbesondere für einen natürlichen Abbau der CO_2-Konzentration unserer Atmosphäre sorgen. In die folgende Betrachtung geht nur das Aufnahmevermögen von CO_2 durch die Waldflächen unserer Erde ein. Weder die Weltmeere noch die landwirtschaftlich genutzten Flächen, Gärten und übrige Vegetationsflächen werden hier betrachtet.

Wenn wir uns einmal den Waldverbrauch unserer technischen Zivilisation seit Beginn des vergangenen Jahrhunderts in Abbildung 25 ansehen, dann müssen wir erkennen, dass wir im 20. Jahrhundert bereits knapp 25 Prozent der gesamten Waldfläche auf unserer Erde zerstört haben.

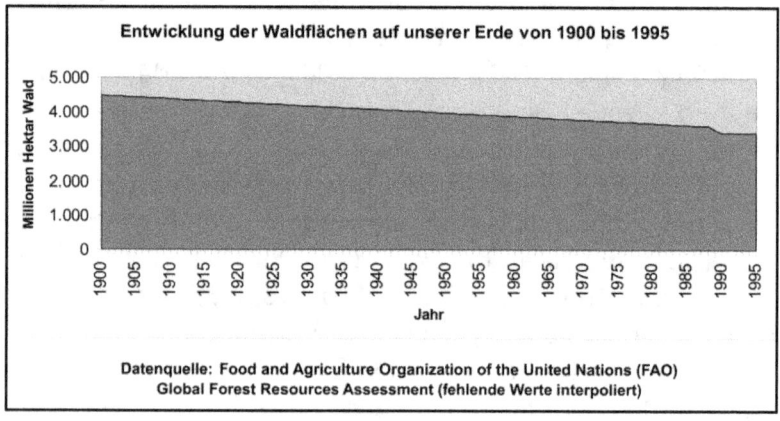

Abbildung 25: Entwicklung der Waldflächen im 20. Jahrhundert auf unserer Erde (Datenquelle: FAO [55])

Wenn wir jetzt noch einbeziehen, dass ein Hektar Wald pro Jahr etwa 10 Tonnen CO_2 aus der Atmosphäre aufnimmt, dann haben wir durch unseren industriellen CO_2-Ausstoß nicht nur die Konzentration dieses Klimagases in der Atmosphäre künstlich erhöht, sondern gleichzeitig und parallel dazu auch noch die Potentiale für die natürliche CO_2-Reduktion erheblich eingeschränkt. Abbildung 26 zeigt das Potential der **terrestrischen** Waldflächen zur Reduktion von CO_2 im Verhältnis zur industriellen CO_2-Produktion. Der Mensch hat also das natürliche Potential zum CO_2-Abbau seit Anfang des vergangenen Jahrhunderts durch Abholzung bereits um etwa 11 Milliarden Tonnen pro Jahr reduziert! Trotzdem können wir festhalten, dass der weltweite Waldbestand heute immer noch allein ausreichen würde, um die industriellen CO_2-Emisionen des Menschen komplett aufzunehmen.

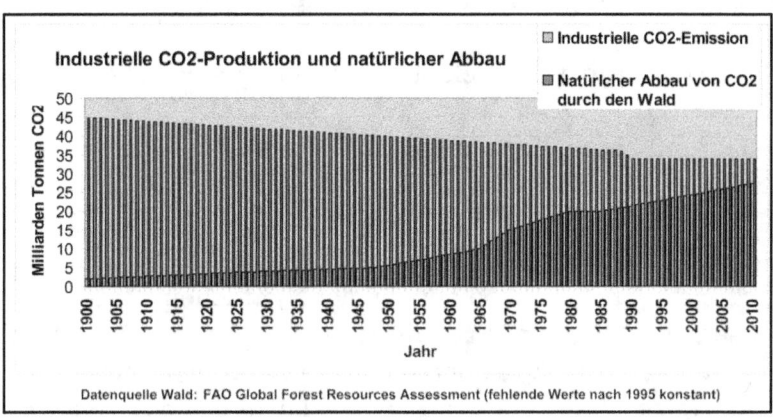

Abbildung 26: Das Potential der Waldflächen zum Abbau von CO_2 und der industrielle Ausstoß (1900-2010)
(Milliarden Tonnen = Gigatonnen)

Vor einem natürlichen CO_2-Umsatz von jährlich etwa 550 Gigatonnen ergibt sich hier aber auch ein Verständnisproblem: Eine Schwächung der natürlichen CO_2-Senken um 11 Gigatonnen (das entspricht dem antropogenen CO_2-Eintrag von 1966) sollte keinerlei Einfluss auf den atmosphärischen CO_2–Gehalt gehabt haben, während antropogenes CO_2 zu einer direkten Erhöhung des atmosphärischen CO_2-Gehaltes führen soll!

Über die Ernsthaftigkeit unserer Klimaziele - eine Gesellschaftskritik

Der Mensch neigt dazu, komplexe Systeme auf monokausale Verknüpfungen zu reduzieren. Der Mensch ist also monokausal und die Menschheit hat existentielle Probleme.
Das sind ganz schlechte Voraussetzungen für die Umsetzung langfristig sinnvoller Problemlösungen!

Denn die Erde dreht sich nun mal nicht um den Menschen!

Während heute die wissenschaftliche Technik genmanipulierte Pflanzen in industriellen Mengen für die Landwirtschaft erzeugt, erlebt gleichzeitig der semireligiöse Rückschritt eine Renaissance und möchte die darwinsche Evolutionstheorie durch einen finalen göttlichen Masterplan ersetzen. Dabei sind die Grenzen zwischen wissenschaftlich-technischer Machbarkeit und religiöser Fiktion in einer Weise verschleiert, die für den Laien kaum noch aufzulösen ist. Heute ist dem Normalbürger daher eine inhaltliche Auseinandersetzung mit einer hoch komplexen wissenschaftlichen Materie mangels eigener Fachkenntnisse kaum noch möglich.
So zum Beispiel auch in der Klimadiskussion, wo sich der wissenschaftliche Laie immer mehr in einen Wust von gutem Glauben und psychologischen Angstszenarien verstricken muss. Und die Klimaforschung, einstmals die arme Schwester der Meteorologie, befeuert diesen Medienhype permanent mit immer neuen Schreckensszenarien. Denn dieser Hype hat ihr schließlich ungeahnte Forschungsbudgets, modernste Hochleistungscomputer und

höchste Aufmerksamkeit in Politik und Öffentlichkeit beschert. Objektive Darstellungen zum Thema Klimawandel werden daher auch eher selten publiziert. Viel lieber veröffentlicht man spekulative Ergebnisse, die nur eines von Millionen möglicher Szenarien aus vereinfachten Computersimulationen sein mögen. Insbesondere die Fokussierung der publizierten Klimadaten auf den Zeitraum seit Beginn der Industrialisierung schränkt den Blick auf die natürliche Klimaentwicklung unserer Erde in völlig unzulässiger Weise ein. Vor dem Hintergrund eines scheinbar konstanten Weltklimas wird der besorgte Bürger so auf einen zwingenden Zusammenhang zwischen industriellem CO_2-Ausstoß und der befürchteten Klimakatastrophe geleitet.

Als mediale Begründungen für diese Klimakatastrophe müssen dann allseits bekannte Wetterphänomene herhalten, deren Häufung beziehungsweise Verstärkung die jeweilige Argumentation offensichtlich zu beweisen scheint und die jeder Einzelne aus seinem persönlichen Erleben heraus nachvollziehen kann: Der Winter ist zu milde, der Sommer ist verregnet oder zu trocken, es hat zu viele Stürme gegeben und viel zu viel Starkregen - alle diese singulären Wetterphänomene müssen dann als Beweis für den befürchteten Klimawandel herhalten. Dabei werden wir alle Opfer einer Informationsflut, die heute kein Mensch mehr in Umfang und Geschwindigkeit überschauen kann, seit es nämlich die Filter Entfernung und Zeit nicht mehr gibt.

Haben unsere Großeltern etwa vor fünfzig Jahren irgendetwas von einem Schneesturm in Kairo oder einer Windhose in Bottrop erfahren?

Hat es solche Phänomene also damals gar nicht gegeben?

Doch, aber heute sind sie ein Beweis für die Klimakatastrophe, weil früher alles besser war! Und deshalb folgen wir denen, die die Probleme unserer Welt auf die einfache Formel gebracht haben:

CO_2-Ausstoß = Klimakatastrophe

Gleichzeitig betrachten wir von den glücklichen Inseln unserer Industrienationen aus die Erde als statisches Gebilde und wollen sie so erhalten, wie wir sie aus unserer ganz persönlichen Erinnerung heraus kennen. Natürlich ohne auf die Annehmlichkeiten und Sicherheiten zu verzichten, die unser Leben gegenüber unseren steinzeitlichen Vorfahren so gesund und bequem gestalten.

Ohne den in diesem Rahmen populistisch aktiven Politikern und Wissenschaftlern zu nahe treten zu wollen, muss man doch feststellen, dass sich eine solche Situation hervorragend für eine Art mittelalterlichen Ablasshandel eignen würde, der etwa so funktionieren könnte:

Wenn Du mir Dein Geld gibst, befreie ich Dich von Deinen Ängsten vor einer Klimakatastrophe!

Unser Ökosystem umfasst die ganze Erde. Warum sollte, global betrachtet, hier bei uns in Mitteleuropa eine Umstellung unserer Kraftfahrzeuge von Euro4 auf Euro5 eigentlich sinnvoller sein, als wenn das dafür notwendige Geld jetzt sofort für ganz einfache Euro1-Katalysatoren in der Dritten Welt ausgegeben werden würde? Etwa nur deshalb, weil hier bei uns dann keine 19 Prozent Mehrwertsteuer anfallen würden? Wir dürfen doch bei allem, was wir für eine globale ökologische Wende auch immer planen mögen, niemals vergessen:

Es ist unsere Erde, um die es hier geht – und nur die ganze Erde ist unsere Erde!

Haben wir eigentlich den Blickwinkel auf unseren glücklicheren Teil der Welt reduziert?

Wir zeigen mit den Fingern auf die Diktaturen dieser Welt, so, als wäre unsere Demokratie gottgegeben und würde sich von selbst erhalten! Was haben wir eigentlich in der Vergangenheit dazu getan und was wollen wir in der Zukunft dafür tun? Unser durchschnittliches Engagement reduziert sich doch heute darauf, unsere eigenen Politiker mit niedrigen Wahlbeteiligungen abzustrafen und sich nur für die eigenen persönlichen Belange zu interessieren!

Aber Menschenrechte und Menschenwürde gelten auch für unsere Mitmenschen außerhalb der Industrienationen; und dazu gehören auf jeden Fall auch genügend Nahrung und Energie. Wie können wir also unser Geld zum Fenster hinaus werfen, wenn anderswo auf derselben Erde Menschen verhungern oder an heilbaren Krankheiten sterben?

Dabei muss die Ernsthaftigkeit unserer persönlichen Bemühungen um Energieeinsparungen im Angesicht der vorhergesagten Klimakatastrophe in Frage gestellt werden. Irgendwie haben wir es nämlich geschafft, die prognostizierte Klimakatastrophe und die daraus resultierenden Anforderungen an unsere persönliche Lebensführung völlig voneinander abzuspalten!

Wir alle hören immer wieder in den Medien, dass allein die „Standby"-Funktion unserer technischen Haushaltsgeräte hier bei uns in Deutschland so viel Energie verbraucht, wie drei durchschnittliche Atomkraftwerke erzeugen. Wenn wir also wirklich ernsthaft um das Weltklima besorgt wären und uns Gedanken um die Zukunft dieser Welt machen würden, dann wäre es doch ganz einfach, diese „Standby"-Funktion abzuschaffen! Man stelle sich nur einmal vor: Durch eine einfache administrative Handlung unseres Gesetzgebers und ohne wesentliche Zusatzkosten (was kostet denn schon ein Netzschalter?) würden wir innerhalb von etwa 10 Jahren unseren Energieverbrauch um knapp 5 Prozent senken! Diese 10 Jahre müssten wir ansetzen, bis die gegenwärtig genutzten technischen Geräte sukzessive durch neue Geräte ersetzt worden wären. Und wir sollten an dieser Stelle bitte auch nicht irgendwelche demokratischen Ideale wie Selbstbestimmung und Selbstverantwortung für unser fehlendes ökologisches Handeln strapazieren. Schließlich haben wir in den vergangenen 20 Jahren von Seiten des Gesetzgebers die ökologische Messlatte für unsere Automobilindustrie ja auch ständig höher gelegt!

Wollen wir also ganz ernsthaft eine ökologische Wende?

Nein, ganz offensichtlich nicht! Wir wollen wohl eher, dass es uns so richtig weh tut, wir wollen eine Ökosteuer auf Treibstoffe, auf elektrischen Strom und eine Bestrafung derjenigen, die sich keine neuen Autos leisten können!

Wir wollen uns als die Märtyrer der Ökologie fühlen!

Und eigentlich würden wir ja auch gerne so weitermachen wie bisher. Deshalb sind wir hier auf den glücklichen Inseln der westlichen Industrienationen jetzt auf eine ganz schlaue Idee gekommen: Warum sollten wir eigentlich unsere Treibstoffe nicht aus nachwachsenden Rohstoffen erzeugen (Stichwort E10), das gäbe dann für uns ein gutes Gewissen und ein Nullsummenspiel in der Ökobilanz! Unser gutes Gewissen erkaufen wir uns allerdings damit, dass wir unseren Mitmenschen in der Dritten Welt ihre schon jetzt sehr knappen Nahrungsmittel wegnehmen. Nutzbare Rohstoffe sind nun einmal nicht beliebig verfügbar, und daher ist es nur eine Frage der Zeit, wann Reis, Mais und Getreide der Dritten Welt in unsere Fahrzeugtanks fließen werden.

Die Aga-Kröte lässt schön grüßen!

Denn weder Ökonomie noch Ökologie hören an den Ländergrenzen einfach auf; sie betreffen die ganze Erde und die gesamte Menschheit!

Immerhin kann man dem Durchschnittsbürger bestätigen, dass er an dieser Stelle weit klüger ist als der Durchschnittspolitiker: Die Einführung von E10 war bisher hier bei uns glücklicherweise ein Desaster. Eigenartig ist nur, dass alle Welt nur vom dummen Autofahrer spricht, der lediglich Angst um seinen Motor hat!

Es bleibt aber zu hoffen, dass der eine oder andere Autofahrer dabei auch an unsere Mitmenschen in der Dritten Welt gedacht haben mag.

Die augenblickliche Situation stellt sich folgendermaßen dar: In den etwa zweihundert Jahren seit Beginn von Industrialisierung und technischer Entwicklung hat der Mensch, und zwar in erster Linie der Mensch in den westlichen Industrienationen, erhebliche Mengen fossiler Brennstoffe aus der Erde entnommen und verbrannt.
Dieses Verhalten gefährdet mit ziemlicher Sicherheit unsere natürlichen Ressourcen, die weltweite Ökologie und möglicherweise sogar unser Klima.
Bereits seit etwa 3 Jahrzehnten versuchen die westlichen Industrienationen daher, dieser Entwicklung durch unterschiedlichste Maßnahmen gegenzusteuern. Dabei konnten sie sich allerdings nicht auf einen verbindlichen Maßnahmenkatalog einigen.
Gleichzeitig sind die Schwellenländer gerade dabei, den besagten Entwicklungsprozess unserer westlichen Industrienationen mit voller Kraft nachzuholen!

Und jetzt wollen wir hier plötzlich ganz hektisch durch die Umstellung auf erneuerbare Energien gegensteuern? Ist das denn klug?

Was würde denn eigentlich Otto Normalverbraucher machen, wenn ihm das Wasser bis zum Halse stünde?

Otto Normalverbraucher wäre sich sicherlich bewusst, dass seine finanziellen Ressourcen knapp bemessen sind. Bei einem gegebenen Problem würde er sich also eine Liste aller notwendigen Maßnahmen für eine Problemlösung machen und die jeweiligen Kosten dahinter schreiben. Dann würde Otto Normalverbraucher versuchen zu ermitteln, welchen prozentualen Beitrag jede einzelne Maßnahme zur Lösung des Gesamtproblems beitragen würde. Und schließlich würde er noch versuchen, das zukünftige Schadenpotential für Maßnahmen zu ermitteln, die nicht sofort durchgeführt werden würden.

Aus all diesen Daten würde Otto Normalverbraucher dann eine Prioritätsliste aufstellen, um sie nach und nach abzuarbeiten.
Und während Otto Normalverbraucher diese Prioritätenliste aufstellt, würde er schon einmal diejenigen Maßnahmen durchführen, die für ein ganz kleines Geld einen messbaren positiven Beitrag zu der angestrebten Problemlösung liefern könnten.

Am Ende stünden ganz oben auf dieser Prioritätsliste diejenigen Maßnahmen mit dem größten positiven und, falls nicht durchgeführt, negativen Einfluss auf das gewünschte Endergebnis und die „Billiglösungen" wären bereits umgesetzt.

Eine solche Prioritätenliste ist in unserer gesellschaftspolitischen Klimadiskussion aber nirgendwo klar zu erkennen!

Da werden vielmehr ganz eigenartige Ziele, Termine und Insellösungen publiziert, wie zum Beispiel: Die Erzeugung von 20 Prozent alternativer elektrischer Energie bis zum Jahre 2020, 10 Prozent Kraftstoff aus erneuerbaren Energien, 1.000.000 Elektroautos auf Deutschlands Straßen bis zum Jahre 2020, und und und …
Diese Einzelziele lesen sich denn auch eher wie ein Wunschzettel, von wem auch immer der geschrieben worden sein mag. Im Angesicht des weiter oben beschriebe-

nen „Standby"-Desasters kann unser Maßnahmenkatalog jedenfalls nicht von Otto Normalverbrauchers Prioritätenliste stammen und auf ein klar definiertes gemeinsames und globales Ziel gerichtet sein!

In den Anfängen unserer Bundesrepublik gab es ja einmal eine klare Trennung zwischen der Kontinuität in einer fachlich und gesetzgeberisch kompetenten Verwaltung und der Entscheidungskompetenz der politisch verantwortlichen Führung. Da wurden dann bei einem Regierungswechsel vielleicht unterschiedliche gesellschaftliche und wirtschaftliche Prioritäten gesetzt, aber der gesellschaftliche Konsens unserer sozialen Marktwirtschaft wurde fortgeführt.

Heute bringt, von außen betrachtet, jede neu gewählte politische Führung offenbar ihren eigenen gesellschaftlichen Konsens mit ins Amt ein und lässt sich dabei auch noch von externen Beratern unterstützen.

Zugegeben, in einer globalisierten Marktwirtschaft dürfte es nicht einfach sein, ordnungspolitische Eckpunkte für eine zielgerichtete ökologische Entwicklung zu setzen, und schon gar nicht auf einer gemeinsamen internationalen Basis.

Aber wo kommen denn unsere witzigen Zielsetzungen zur Vermeidung des prognostizierten Klimawandels eigentlich her?

Und welche Ziele verfolgen wir damit wirklich? Geht es uns nun um die Vermeidung des CO_2-Ausstoßes oder geht es uns in erster Linie um die Abschaltung unserer Atomkraftwerke; oder vielleicht von beidem ein bisschen? Das eine erfordert neue Stromtrassen, weil die alten für eine

solche Planung in der falschen Richtung verlaufen, und das andere ein Atom-Endlager, das wir noch gar nicht haben.
Irgendwie passt hier doch gar nichts zusammen! Es sei an dieser Stelle einmal ernsthaft angemerkt, dass die Politiker nach den Spielregeln unserer Demokratie eigentlich die gewählten Lobbyisten unseres Volkes sind und als solche vom Volk auch bezahlt werden! Jedenfalls können wir uns heute offenbar nicht mehr darauf verlassen, dass alle unsere Repräsentanten ausschließlich das öffentliche Interesse im Auge haben.

Ach übrigens – wo steht eigentlich Ihr Stromzähler? Dumme Frage, werden Sie sagen, natürlich bei uns im Keller! Aber was würden Sie denn dazu sagen, wenn Ihr Stromzähler direkt beim Stromerzeuger stehen würde? Sie würden zu Recht kritisieren, dass Sie dann auch noch den Leitungsverlust für den Transport Ihres Stromes bezahlen müssten!
Anmerkung: Das müssen sie zwar sowieso, weil die Leitungsverluste nämlich in der Strompreiskalkulation Ihres Versorgers bereits enthalten sind, aber immerhin wird er dafür eine Art Selbstkostenpreis ansetzen müssen.

Und jetzt raten Sie mal, wo bei der Einspeisung alternativ erzeugter elektrischer Energie der Stromzähler steht. Sie werden es nicht glauben: Beim Erzeuger!
Also: Wir subventionieren die Erzeugung alternativer elektrischer Energie und tragen auch gleichzeitig noch die Leitungsverluste zu voll subventionierten Preisen für den jeweiligen Unternehmer mit! Während also der konventionelle Stromerzeuger dem Verbraucher nur die tatsächlich verbrauchte Nettostrommenge direkt in Rechnung stellen

kann, subventionieren wir Stromverbraucher dem alternativen Stromerzeuger die gesamte erzeugte Bruttostrommenge inklusive seiner Leitungsverluste!
Bei einer verbrauchernahen Stromerzeugung würden solche Leitungsverluste wenigstens ökologisch sinnvoll minimiert werden. Vielleicht wird an dieser Stelle auch schon klar, warum wir unbedingt eine zentrale Erzeugung in Megaparks und neue Stromnetze benötigen. Von der Subventionsabschöpfung her optimal wäre nämlich die Erzeugung einer maximalen Strommenge aus erneuerbaren Quellen, von der dann möglichst wenig beim Verbraucher ankommt! Und eine Rückspeisung von konventionellem Strom über einen alternativen Subventionszähler würde, ausreichende kriminelle Energie vorausgesetzt, sicherlich auch kein größeres technisches Hindernis darstellen!

Auch hier lässt die Aga-Kröte herzlich grüßen!

Es bleibt also schlicht festzustellen, dass wir mit unserem Maßnahmenkatalog zum Klimaschutz an die wirtschaftliche Kompetenz von Otto Normalverbraucher nicht ganz heranreichen können, sondern vielmehr gerade dabei sind, in diesem Sektor unsere Marktwirtschaft abzuschaffen!

Und es gibt da noch einen zusätzlichen regenerativen Etikettenschwindel:
Für den aktuell erzeugten Strom aus Windkraft und Photovoltaik existieren keine ausreichenden Speichervolumina. Die Netzanpassung dieser regenerativ erzeugten Energiemengen findet daher also im Wesentlichen auf Kosten des Wirkungsgrades bei der konventionellen Energieerzeugung statt.

Konventionelle Energieträger

Das Holz ist sicherlich die älteste Energiequelle des Menschen. Das war bei der geringen Bevölkerungsdichte in historischen und vorhistorischen Zeiten sicherlich überhaupt kein Problem für die Umwelt. Auch einzelne Auswüchse in historischen Zeiten, wie sie mit der Holzkohleproduktion in den Mittelgebirgen bereits erwähnt worden sind, spielen in einer globalen Betrachtung sicherlich eine eher untergeordnete Rolle.

Schon seit dem 16. Jahrhundert gab es in Mitteleuropa übrigens wachsende Befürchtungen über die Verknappung der verfügbaren Holzressourcen (Holznot – [56]), die dann um 1800 ihren Höhepunkt erreicht haben soll.

Für eine Industrialisierung im heutigen Umfang hätte es bei alleiniger Nutzung von Holz- und Holzkohlebrand auch sicherlich niemals gereicht!

Die Kohle hat daher unsere industrielle Entwicklung dann erst möglich gemacht.

Es ist nun keineswegs so, dass die Kohlevorräte der Erde inzwischen aufgebraucht wären. Vielmehr hat die Kohle in Öl, Gas und Atomenergie lediglich „sauberere" Konkurrenten erhalten. Trotzdem wäre die Kohle auch unter unseren hohen Emissionsstandards ein zukunftsträchtiger Energieträger, wenn da nicht die CO_2-Diskussion wäre. Braunkohle ist nämlich von allen fossilen Energieträgern der größte CO_2-Immitent pro Kilowattstunde.

Also möchte der gesunde Volkswille diese „Dreckschleudern" nicht mehr in unserem Lande haben.

Indien und China sehen das völlig anders, dort werden nach wie vor hunderte neuer Kohlekraftwerke gebaut.

Öl und Gas haben unsere Gesellschaft dann schließlich mobil gemacht.
Über mehr als ein Jahrhundert hat das Öl als Energieträger die Entwicklung des Automobils begleitet, den Hausbrand vereinfacht und uns ganz neue Werkstoffe geschenkt. Heute stehen wir nicht mehr weit vor einem absoluten Fördermaximum (globales Ölfördermaximum), nach dem es dann mit der Ölförderung nur noch bergab gehen wird.

Die Atomenergie hatte eine schwere Kindheit. Sie ist immer ein Kind der Atombombe geblieben, von der sich später viele ihrer Väter, von Einstein bis Szillard, losgesagt haben.

Losgelöst von Historie und aktuellen Szenarien könnte man zunächst einmal sagen, dass die Atomkraft derjenige Energieträger ist, der genau die Lösung für unser aktuelles Klimaproblem durch den industriellen CO_2-Ausstoß darstellen könnte.
Allerdings hat das Wissen um die Kernspaltung den Menschen das erste Mal in der Entwicklung seiner technischen Zivilisation an eine Grenze gebracht: Entscheidungen im Jetzt und Heute werden sich zwangsläufig auf Jahrtausende hinaus in die Zukunft auswirken.

Bisher haben sich Kriege und Katastrophen immer aktuell in der Gegenwart abgespielt; und hinterher wurde dann alles wieder neu aufgebaut. Bereits die übernächste Generation war mit den Folgen nicht mehr wirklich belastet. Aber alles das an Atommüll, was wir irgendwann einmal in unsere noch nicht vorhandenen Endlager einbringen werden, kann in 100, 500 oder 1000 Jahren auch irgendwie und von irgendwem wieder dort herausgeholt werden – und wir können das im Hier und Heute nicht verhindern!

Das ist eine völlig neue Dimension, und mit dem Blick zurück auf mehr als 2000 Jahre schriftlich überlieferte Geschichte fällt es darum auch schwer, die Atomenergie wirklich zu mögen und für wertfrei zu halten.

Da wir jetzt aber die Atomkraftwerke schon einmal haben und sowieso noch nicht wissen, wo wir mit unserem Atommüll abbleiben sollen, könnte man diese Energie tatsächlich als Brückentechnologie zwischen fossilen Energieträgern und alternativer Energiegewinnung nutzen. Wir könnten damit den CO_2-Ausstoß einschränken, ohne dabei wesentliche neue und zusätzliche Gefahren heraufzubeschwören.

Das könnte man auch, wenn man wollte, wenn es da nicht Fukoshima gäbe!

Eine Eintrittswahrscheinlichkeit für den Totalschaden eines Atomkraftwerkes von Eins zu vielen Millionen spiegelt uns Menschen eine falsche Sicherheit vor. Man ist ja immer geneigt, die geringe Eintrittswahrscheinlichkeit irgendwie mit der Schadenhöhe zu verknüpfen und das Ganze dann weit in die Zukunft zu schieben.

Fukoshima aber hat uns, und wahrscheinlich in noch viel stärkerem Maße als Tschernobyl, gezeigt, dass es Technologien gibt, deren Wertschöpfung in keinem Verhältnis zu ihrem möglichen Schadenpotential stehen.

Und auch aus geowissenschaftlicher Sicht war Fukoshima der Supergau überhaupt:

Vor mehr als 40 Jahren, als in Fukoshima der erste Kraftwerksblock gebaut wurde, steckte die **Tsunami**-Forschung noch in den Kinderschuhen. Man hatte ziemlich genaue Vorstellungen über ihr Entstehen, man kannte die Fluthöhen historischer Ereignisse, und man hatte bereits eine ziemlich genaue Vorstellung von ihrer Ausbreitungsgeschwindigkeit. Was die Erdbebenaktivität angeht, so gab es damals bereits ausreichende Zeitreihen seismologischer Messungen über nahezu ein Jahrhundert, da war man also schon ganz gut davor. Vor diesem geowissenschaftlichen Hintergrund wurde dann also Fukoshima in den 60-er Jahren des vergangenen Jahrhunderts gebaut.

Die Kraftwerksblöcke von Fukoshima waren immerhin für ein Erdbeben der **Magnitude** 8,2 ausgelegt. Das wurde dann später in den Medien auch hinlänglich kritisiert, weil das **Tōhoku**-Beben ja eine Magnitude von 9,0 hatte. Dabei hängt die Schütterwirkung eines Erdbebens neben seiner eigentlichen Magnitude aber in erster Linie von der Entfernung zum Bebenherd ab. Und da Fukoshima etwa 200 Kilometer vom Epizentrum des Tōhoku-Bebens entfernt liegt, mag die Auslegung der Reaktorblöcke gegen Erdbeben nicht so ganz falsch gewesen sein.

Eine Katastrophe war hingegen die Auslegung von Fukoshima gegen **Tsunamis**!
Nicht, dass man es beim Bau von Fukushima hätte besser wissen müssen. Aber offenbar sind an Fukoshima einfach 40 Jahre neuere Tsunami-Forschung ohne ausreichende Konsequenzen in der technischen Auslegung dieses Kraftwerkes vorübergegangen! Ein paar Jahre vor der Katastrophe in Fukoshima gab es sogar eine ausdrückliche Warnung von Seiten eines japanischen Geowissenschaftlers [57], der damit offenbar selbst bei der japanischen Atomaufsicht kein Gehör gefunden hatte.
Was hier ganz besonders ärgerlich machen kann, ist die Vermeidbarkeit dieser Katastrophe. Die Reaktorblöcke hatten dem Beben standgehalten, die Notabschaltung hatte funktioniert, die Notstromdiesel waren angesprungen, und dann kam der Tsunami ...
Und selbst danach hatte, bis auf die Notstromdiesel, noch alles richtig funktioniert: Die Brennelemente wurden noch so lange ausreichend gekühlt, wie die Batterien elektrischen Strom für den Betrieb der Kühlwasserpumpen liefern konnten – eine Katastrophe mit Ansage also, die man in den Nachrichten sehr schmerzlich mitverfolgen konnte.

Nach Fukoshima stellt sich deshalb die Frage nach der Sicherheit von Atomkraftwerken weltweit und grundsätzlich neu:
Sind seit der Fertigstellung des betreffenden Atomkraftwerkes die neuesten wissenschaftlichen Erkenntnisse aus allen relevanten Fachdisziplinen in ausreichender Form in die technische Überprüfung des betreffenden Kraftwerkes eingeflossen und sind diese Erkenntnisse dann auch baulich in ausreichender Weise umgesetzt worden?

Hat man das Kraftwerk also ständig „aktualisiert" oder fährt man es immer noch auf dem Stand seiner Erbauung? Und nach Fukoshima bekommt auch der Begriff „Redundanz" ein ganz neues Gewicht.

Was heißt eigentlich Redundanz?

Redundanz ist, im wissenschaftlichen Sinne, eine Überbestimmung. Es ist mehr von irgendetwas da, als man eigentlich braucht, zum Beispiel werden wichtige Daten doppelt erhoben oder doppelt gespeichert. Allerdings muss man seine Redundanzen auch schützen: Es ist jedenfalls keine vollständige Redundanz, wichtige Geschäftsdaten auf demselben Rechner auf zwei getrennten Laufwerken zu speichern. Das hilft zwar gegen einen einfachen Plattenabsturz, aber nicht gegen einen Blitzeinschlag. Dagegen hilft nur ein zweiter Rechner in einem anderen Gebäude - plus einer Tageskopie der Daten im Tresor.

Also: Redundante Sicherheitssysteme müssen völlig unabhängig voneinander sein und dürfen nicht gleichzeitig durch ein und dasselbe Schadenereignis ausfallen!

Man hatte uns jahrelang erzählt, unsere Atomkraftwerke gehörten zu den sichersten der Welt. Und wir mussten jetzt nach der Katastrophe von Fukoshima feststellen, dass es dort keine ausreichende Redundanz für die Stromversorgung der Kühlwasserpumpen gab! Dabei sind uns die Japaner doch technologisch zumindest ebenbürtig.
Es muss also erlaubt sein nachzufragen, ob alle Sicherheitssysteme deutscher Atomkraftwerke wirklich redundant ausgelegt sind oder ob hier etwa auch alle Notstrom-

aggregate auf einem Haufen stehen. Und nach Fukoshima muss auch gefragt werden dürfen, ob es in Deutschland eine mobile Eingreiftruppe gibt, die mit den erforderlichen Notstromaggregaten ausgerüstet ist und die innerhalb der jeweiligen Batterielaufzeiten jedes deutsche Atomkraftwerk sicher erreichen kann. Nur so kann im Ernstfall ein unterbrechungsfreier Betrieb der Kühlwasserpumpen garantiert werden!
Und erst dann würde es überhaupt einen Sinn machen, in unserem Land weiter über Brückentechnologie und Restlaufzeiten nachzudenken!

Wir haben hier in Deutschland sofort nach Fukoshima unsere ältesten Atommeiler abgeschaltet. Das mag hinsichtlich der generellen Alterung von Werkstoffen ja auch eine nachvollziehbare Entscheidung gewesen sein, aber für die grundsätzliche Betriebssicherheit eines Atomkraftwerkes ist das Alter allein kein Maßstab. Denn die eigentliche Lehre aus Fukoshima war ja die fehlende Redundanz der (redundanten) Sicherheitseinrichtungen und die Frage nach einer für den Notfall ausgerüsteten Eingreiftruppe!

Inwiefern jetzt also die generelle Abschaltung von alten Atommeilern die Sicherheit der deutschen Bevölkerung tatsächlich erhöht haben mag, steht völlig in den Sternen!

Und – wenn wir uns schon solche Gedanken über die Sicherheit von Atomkraftwerken machen, dann sollten wir uns bitte sehr auch fragen, aus welchen Atomkraftwerken wir unseren Strom denn jetzt eigentlich beziehen!

Über die Endlichkeit unserer natürlicher Ressourcen am Beispiel des globalen Ölfördermaximums

Dem Club of Rome gebührt die Ehre, die Endlichkeit unserer natürlichen Ressourcen bereits 1972 einer breiten Öffentlichkeit nahe gebracht zu haben [58].

Schauen wir einmal genauer hin: Bei allen Rohstoffen gibt es Reserven und Ressourcen. Aus den Reserven wird bereits produziert und aus den Ressourcen könnte produziert werden. Zu diesem „könnte" gehört natürlich auch ein „wenn", denn es wird ja noch nicht produziert:

- o Im einfachsten Fall fehlen nur die Investitionsmittel für die Einrichtung der Produktionsanlagen.

- o In anderen Fällen weiß man noch gar nicht genau, wie groß die betreffende Lagerstätte eigentlich ist und ob sich eine Investition in Produktionsanlagen überhaupt lohnen würde. Die Lösung dieser Fragestellung erfordert dann also noch einmal zusätzliche Investitionen.

- o Und schließlich gibt es Lagerstätten, von denen man bereits sicher weiß, dass sich ihre Ausbeutung wirtschaftlich nicht lohnen würde, weil die Förderkosten höher wären als der Verkaufserlös.

Und das Letztere passiert leider nicht nur bei den Ressourcen.

Nehmen wir einmal unsere eigene, weitgehend stillgelegte Kohleförderung hier in Deutschland:

Die Lagerstätten waren da, die Förderanlagen waren da und die Kumpel haben schwer geschuftet. Diese Kohle hat schließlich nach dem 2. Weltkrieg unser deutsches Wirtschaftswunder angefeuert - und später hat es sie dann voll erwischt.
Nein, die Lagerstätten waren noch lange nicht erschöpft. Aber die Förderung war unwirtschaftlich geworden. Auf dem Weltmarkt wurde Kohle angeboten, die im Tagebau gewonnen werden konnte, während unsere Kohle aus bis zu 1.000 Metern Tiefe ans Tageslicht gefördert werden musste.
So hat denn die billigere Konkurrenz vom Weltmarkt unserer Kohleförderung schließlich das Licht ausgeblasen – so funktioniert eben die Marktwirtschaft!

Aber als Merkposten sei hier festgehalten: Unsere Kohle ist noch da und sie würde noch für viele hundert Jahren ausreichen. Allerdings haben sich diese Reserven zu unwirtschaftlichen Ressourcen zurückentwickelt.

Der Begriff „World Peak Oil Production" wurde im Jahre 1956 von Marion King Hubert (Shell) eingeführt, der dafür einen Zeitpunkt um das Jahr 2010 berechnet hatte.

Seit etwa einem Jahrzehnt gerät dieses globale Ölfördermaximum mehr und mehr in das öffentliche Interesse. Abbildung 27 zeigt eine Zusammenstellung unterschiedlichster Szenarien aus Wikipedia [59] für den Eintritt eines solchen Ereignisses.

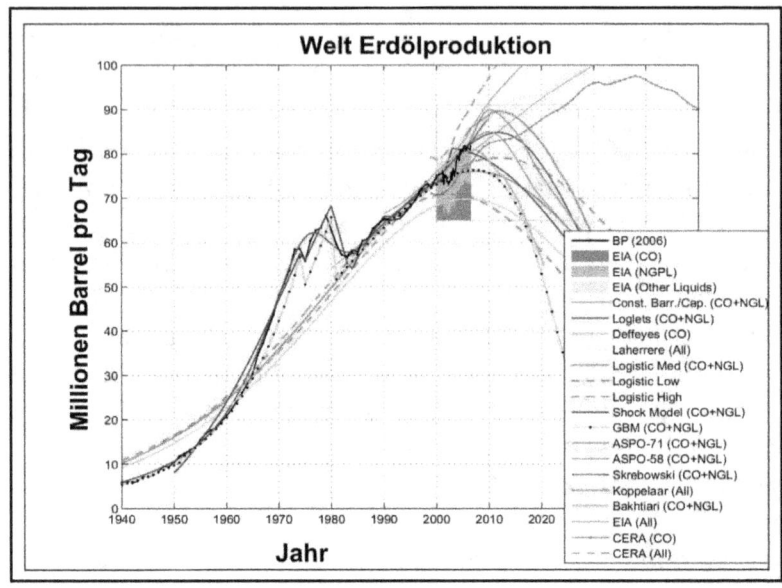

Abbildung 27: Szenarien für das globale Ölfördermaximum aus Wikipedia [59]

Die meisten Kurvenverläufe zeigen einen scharfen Abfall der Welt-Ölproduktion nach dem Eintritt des globalen Ölfördermaximums. Dieser Abfall hätte selbstverständlich einen erheblichen Einfluss auf die Verbraucherpreise. Zwischen 1999 und 2008 gab es bereits einen stetigen Anstieg des Ölpreises von etwa 10 US$ pro Barrel (bbl) auf über 120 US$/bbl.

Dem Ölpreisverfall in der weltweiten Bankenkrise im Jahre 2008 auf unter 40 US$/bbl folgte dann eine schnelle Erholung auf etwa 60-80 US$/bbl. Wenn wir jetzt die gesamte Preisdifferenz zwischen 80 und 120 US$/bbl der Rohstoffspekulation zurechnen würden, dann kämen wir auf einen spekulativen Einfluss von etwa 50 Prozent auf einen reinen Ölpreis. Für das Jahr 2010 scheint ein solcher, von Spekulationen weitgehend unbeeinflusster Ölpreis, also etwa zwischen 60 und 80 US$/bbl gelegen zu haben.

Nach dem Eintritt eines globalen Ölfördermaximums dürften Spekulationen einen noch weit größeren Einfluss auf den Ölpreis gewinnen und die Märkte könnten dann noch weitaus schneller auf Lieferengpässe reagieren. Um das globale Ölfördermaximum zu verstehen, müssen wir uns die Mechanismen der Reservengewinnung in Abbildung 28 einmal näher ansehen.

Zu einem gegebenen Zeitpunkt existieren förderbare Reserven, wirtschaftliche Ressourcen und unwirtschaftliche Ressourcen nebeneinander:

- o Die wirtschaftlichen Ressourcen werden sukzessive zu förderbaren Reserven entwickelt, um die vorhandenen Förderkapazitäten zu erhalten oder sogar noch auszubauen. Diese wirtschaftlichen Ressourcen sind also der „Airbag" der Ölgesellschaften und Förderländer gegen den Förderabfall ihrer produzierenden Felder.

- o Die unwirtschaftlichen Ressourcen dagegen sind bekannte Öl- und Gaslagerstätten, deren Förderung bei einem aktuellen Ölpreis teurer wäre als der erzielte Erlös. Eine Vielzahl solcher Ressourcen ist bereits bekannt und wartet auf einen weiteren

Ölpreisanstieg, zum Beispiel durch das globale Ölfördermaximum.

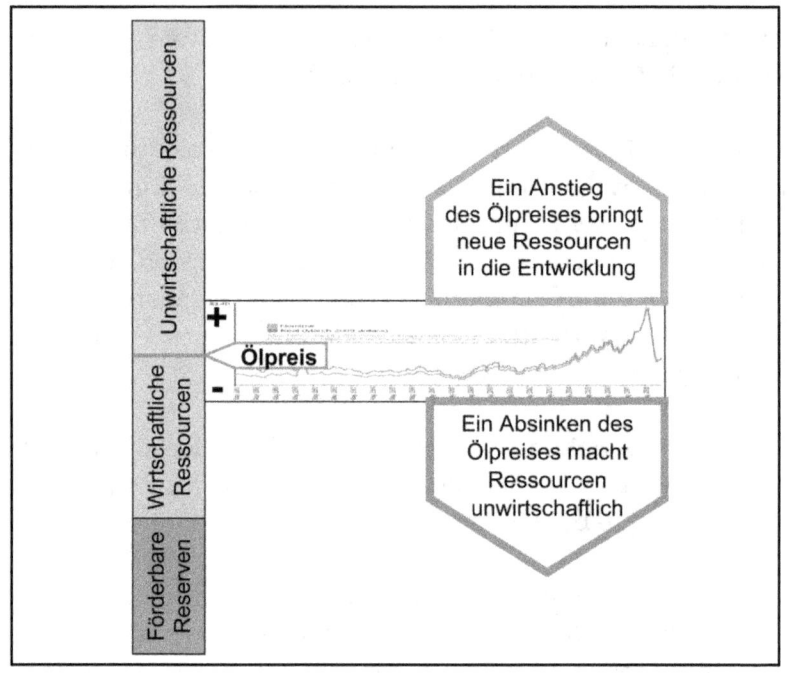

Abbildung 28: Die Wirtschaftlichkeit von Reserven und Ressourcen mit dem Oil Price Diagramm 1861-2007 aus Wikipedia **[60]**
Abbildung 28 ist damit ebenfalls unter der „Creative Commons-Lizenz 3.0 Unported" (Namensnennung - Weitergabe unter gleichen Bedingungen) lizenziert

Wenn jetzt nämlich der Ölpreis steigt, dann verändert sich auch die Grenze zwischen wirtschaftlichen und unwirtschaftlichen Ressourcen und damit stehen dann insgesamt wieder mehr wirtschaftliche Ressourcen zur Verfügung.

Zwischen den Übergangspunkten von „unwirtschaftlich" zu „wirtschaftlich" muss dabei natürlich eine dauerhafte und verlässliche Erhöhung des Ölpreises liegen, weil die mit der Entwicklung verbundenen Kosten eine Amortisationszeit von Jahren bis Jahrzehnten erfordern. Weiterhin dauert der technische Ausbau einer Ressource bis hin zur Förderung allein schon etwa 1 bis 5 Jahre, so dass damit kein direkter Einfluss auf aktuelle Marktschwankungen möglich ist. Ein solcher Einfluss ist allein den bereits in Förderung befindlichen Feldern vorbehalten.

Wenn wir diese Vorgänge einmal ganz grob vereinfachen, dann können wir sagen, dass es einige Jahre dauert, bis bei steigendem Ölpreis unwirtschaftliche Ressourcen als wirtschaftliche Ressourcen verbucht werden und ihre Entwicklung zu förderbaren Reserven dann noch einmal in etwa den gleichen Zeitraum in Anspruch nimmt.

Die wahre Natur des globalen Ölfördermaximums ist also nicht etwa das Versiegen der Ölquellen an sich, sondern das Fehlen von wirtschaftlich entwickelbaten Ressourcen für die Aufrechterhaltung der aktuellen Fördermengen.

Erst durch den Preisanstieg, der mit dem globalen Ölfördermaximum eintreten wird, können die bis dahin bereits bekannten unwirtschaftlichen Ressourcen zu neuen förderbaren Reserven entwickelt und mit einem zeitlichen Versatz von einigen Jahren an den Markt gebracht werden, wie das in Abbildung 29 dargestellt ist.

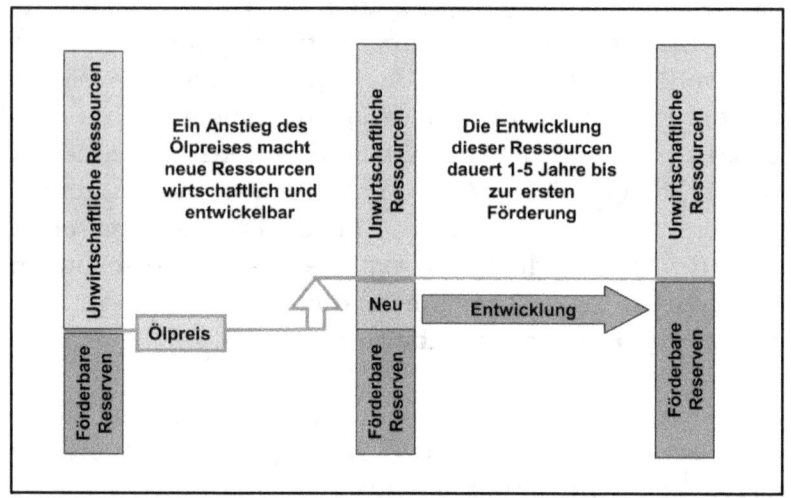

Abbildung 29: Zeitlicher Ablauf der Ressourcenentwicklung nach dem globalen Ölfördermaximum

Für ein mögliches Szenario beim Eintreten des globalen Ölfördermaximums können wir auf die Erfahrungen aus der Ölkrise der Jahre 1973/74 in Abbildung 30 zurückgreifen.

Damals hatte eine Einschränkung der Welt-Erdölförderung um etwa 5 Prozent zu einem Ölpreisanstieg von etwa 3 auf 12 US-Dollar geführt, also um etwa den Faktor 4. Eigentlich wäre eine solche Einschränkung kaum spürbar gewesen, wenn jeder Einzelne sich nur ein ganz klein wenig im Gebrauch seines Kraftfahrzeuges eingeschränkt hätte. Die Reaktion der Verbraucher waren aber Panikkäufe, die dann erst zu den bekannten Ergebnissen wie Versorgungsengpässen und Sonntagsfahrverboten geführt haben.

Übrigens müssten wir selbst heute kurzfristige Versorgungsengpässe befürchten, wenn alle Verbraucher am gleichen Tage alle ihre Fahrzeuge volltanken wollten.

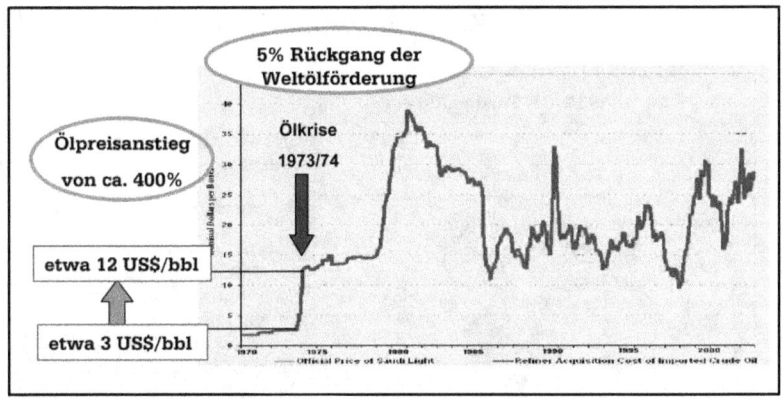

Abbildung 30: Die Ölkrise von 1973/74
(unterlegt ist das Ölpreis Chart [61] aus Wikipedia)

Mit den Erfahrungen aus der Ölkrise 1973/74 dürfte ziemlich sicher anzunehmen sein, dass es zu einem erheblichen Preisanstieg (Vervierfachung der Rohölpreise, nach heutiger Kaufkraft auf bis zu 500 US$/bbl) kommen wird, wenn durch den Eintritt des globalen Ölfördermaximums die ersten Einschränkungen bei der Versorgung mit Rohölprodukten erkennbar werden.

Nach Eintritt des globalen Ölfördermaximums werden solche Marktpreisschwankungen (Abbildung 31) wahrscheinlich die finanziellen Möglichkeiten einer breiten Mehrheit der Verbraucher, zumindest in den Schwellenländern, weit übersteigen und daher auch mit einer gewissen Zeitverzögerung wieder auf die Ölpreise zurückschlagen.

Die kontrollierenden Faktoren für den Ölpreis dürften daher nach Eintritt eines globalen Ölfördermaximums nicht nur die Förderkapazitäten der Felder und die Dauer der notwendigen Ressourcenentwicklung sein, sondern auch und insbesondere die Kaufkraft der Verbraucher.

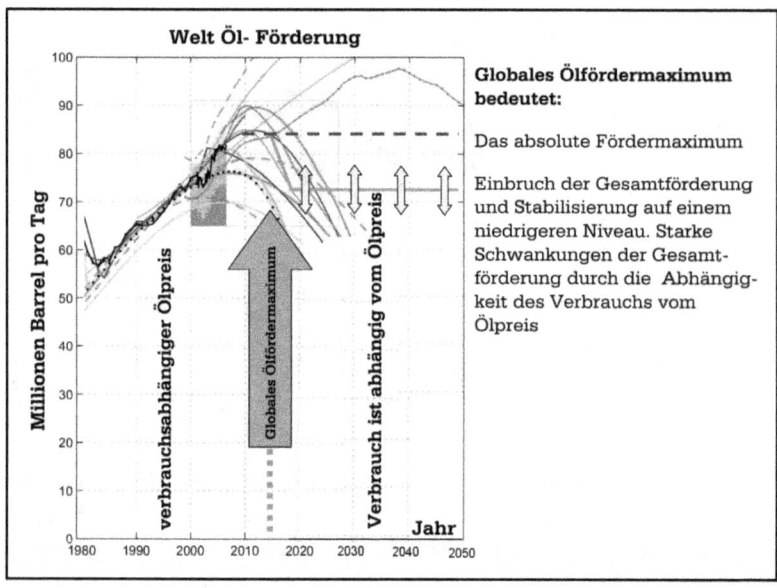

Abbildung 31: Tentatives Marktverhalten nach Eintritt des globalen Ölfördermaximums
Unterlegt: World Production Forecast aus Wikipedia [59]
Abbildung 31 ist damit ebenfalls unter der „License CC-BY-2.5" (Namensnennung - Weitergabe unter gleichen Bedingungen) lizenziert

Mit einem zeitlichen Versatz werden dann die bis dahin bereits bekannten und unwirtschaftlichen Ressourcen in Produktion genommen und sorgen für eine gewisse Entspannung der Nachfrage. Dieser Ablauf wird mit erheblichen Schwankungen des Ölpreises einhergehen, dessen

Mittelwert sich am Durchschnittseinkommen der Verbraucher in den Schwellenländern ausrichten dürfte. Damit sollte es nach Eintritt eines globalen Ölfördermaximums zu erheblichen Schwankungen sowohl in der Ölförderung selbst als auch im Ölpreis kommen. Der Eintritt des globalen Ölfördermaximums dürfte daher eine grundlegende Veränderung im Marktverhalten der Verbraucher kennzeichnen:

Nach Eintritt des globalen Ölfördermaximums dürfte der weltweite Verbrauch von Ölprodukten, und damit die Fördermenge selbst, sehr stark von den aktuellen Produktpreisen abhängig werden.

Die generelle Verfügbarkeit von Erdöl und Erdgas dürfte dagegen kaum von diesem globalen Fördermaximum beeinträchtigt werden. Schließlich existieren riesige Vorräte von unwirtschaftlichen Öl- und Gaslagerstätten auf unserer Erde, und deren Wirtschaftlichkeit ist allein eine Frage des Ölpreises.

Wir werden uns vielmehr von lieb gewordenen Gewohnheiten, auch im Individualverkehr, verabschieden müssen. Die Tankstelle an der Ecke wird nicht einmal pro Woche mit einem günstigen Benzinpreis locken, sondern vielleicht nur noch jeden Monat oder einmal im Vierteljahr. Zwischendurch müssen wir dann halt mal wieder das Fahrrad herausholen, um zum Bäcker zu fahren, oder unseren Mallorca-Urlaub auf das nächste Jahr verschieben, weil wir gerade Heizöl für den kommenden Winter benötigen.

Aber Öl und Gas werden uns auch für ein weiteres Jahrhundert nicht ausgehen!

Die alternativen Energien

Photovoltaik

Mittels Photovoltaik kann in unseren Breiten von einem Solarmodul mit einem Quadratmeter Fläche im jährlichen Durchschnitt etwa 10 Watt Stromleistung gemittelt über 8760 Stunden erzeugt werden [62].

Schauen wir also einmal, was sich daraus für die Abdeckung des gesamten Weltenergieverbrauchs mittels Photovoltaik ergibt:
Nach der Berechnung der Sonneneinstrahlung in unseren Breiten können wir hier bei uns von einem Mittelwert von 65% des Strahlungsmaximums ausgehen. Nehmen wir deshalb also einmal an, ein Solarmodul würde in den äquatornahen Wüstengebieten der Erde durchschnittlich etwa 15 Watt pro Quadratmeter erzielen.

Das Jahr hat 8.760 Stunden. Damit würden unsere Solarmodule dann pro Quadratmeter etwa 130.000 Wattstunden Strom pro Quadratmeter und Jahr erzeugen. Der Weltenergieverbrauch lag im Jahre 2004 bei etwa 120.000 *Terra*wattstunden, also 120.000.000.000.000.000 Wattstunden.
Wenn wir jetzt den Weltenergieverbrauch durch die Jahresleistung unseres 1 qm Solarmoduls teilen, erhalten wir die erforderliche Fläche in Quadratmetern:
Das wären dann knapp 1.000.000.000.000 Quadratmeter.
Wenn wir nun die letzten 6 Nullen weglassen (ein Quadratkilometer hat 1.000.000 Quadratmeter), erhalten wir 1.000.000 Quadratkilometer. Das wäre also eine quadratische Fläche von etwa 1.000 Kilometern Seitenlänge! Ge-

messen an der Solarkonstanten von 1.367 Watt pro Quadratmeter erhielten wir hier also eine durchschnittliche Ausbeute von rund einem Prozent.
Aber auch mit einem System-Wirkungsgrad von 10 Prozent (ca. 130 Watt/m² Tagesleistung in 12 Stunden oder 65 Watt Durchschnittsleistung) ergäbe sich immer noch einen Flächenbedarf von etwa 200.000 Quadratkilometern, also einem Quadrat von etwa 450 Kilometern Seitenlänge.

Die Frage ist dabei eigentlich weniger, ob sich diese alternative Energieerzeugung wirtschaftlich wirklich rechnen würde, sondern vielmehr, was dann mit den übrigen 90 Prozent Sonneneinstrahlung auf dieser Fläche passieren würde!
Sollte diese Sonnenenergie in Wüstengebieten mit wolkenlosem Himmel und einer ganz geringen Wasserdampfkonzentration nämlich wieder in den Weltraum zurückreflektiert werden, dann würde sie unserem Klimamotor endgültig entzogen, anstatt den Wüstenboden für eine nächtliche Wärmeabstrahlung aufzuheizen!
Ganz grob gerechnet würden wir auf diese Weise nämlich etwa 1.200.000 *Terra*wattstunden pro Jahr aus dem Klimamotor unserer Erde entnehmen und damit kämen wir dann schon auf etwa 1 Promille seiner Gesamtenergie, konzentriert auf eine Fläche von 200.000 Quadratkilometern.
Das aber kann bei einer Konzentration auf wenige ausgewählte Wüstengebiete ökologisch und klimatisch natürlich nicht wirklich gut gehen – die Aga-Kröte lässt wieder ganz herzlich grüßen!

Windenergie

Wenn wir den gesamten Weltenergieverbrauch der Weltbevölkerung mittels Windenergie erzeugen wollen, dann kommen wir in folgende Größenordnungen:

Der Weltenergieverbrauch lag im Jahre 2004 bei etwa 120.000 **Terra**wattstunden, also 120.000.000.000.Megawattstunden.

Nehmen wir für die Windenergie einmal die allerbesten Voraussetzungen an:

- o Eine Baureihe von Windkraftanlagen mit 10 Megawatt,
- o Einen Abstand der Anlagen von 1 Kilometer,
- o Der Wind bläst das ganze Jahr (8.760 Stunden) mit solcher Kraft, dass die Anlagen ständig ihre volle Leistung erbringen,
- o Die Anlagen sind unzerstörbar und absolut wartungsfrei, liefern also konstant 100 Prozent Leistung ans Netz.

Anmerkung am Rande: Mit diesen Annahmen landen wir übrigens wieder bei einem Ertrag von durchschnittlich 10 Watt pro Quadratmeter wie im Solar-Beispiel **[62]**!

Ein einzelnes Windkraftwerk liefert unter den genannten Voraussetzungen übers Jahr 87.600 Megawattstunden.

Um den Weltenergiebedarf zu decken benötigen wir dann also 1.350.000 solcher Mega-Windkraftwerke.

Bei einem Abstand von 1 Kilometer zwischen diesen Mega-Windkraftanlagen kommen wir dann auf einen Flächenverbrauch von knapp 1.200 mal 1.200 Kilometern oder über eine Million Quadratkilometern!

Nun können wir aber solche Windkraftanlagen nicht irgendwo aufstellen. Wir müssen damit schon in die Windgürtel unserer Erde gehen, in die Westwind- und Passatzonen (Abbildung 32).

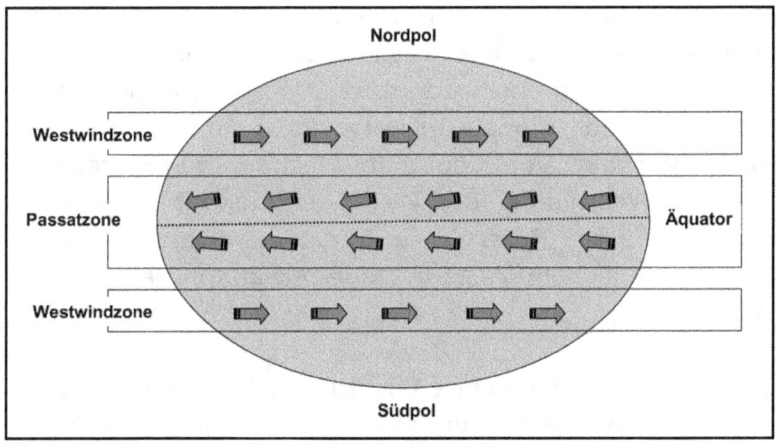

Abbildung 32: Die Windsysteme unserer Erde

Wenn wir also auf einem Küstenstreifen von 20 Kilometern Breite ganz geschickt gestaffelt 50 dieser Windkraftanlagen pro Kilometer unterbringen könnten, wären aber immer noch mehr als 27.000 Kilometer Küstenlinie erforderlich, um alle unserer Windkraftanlagen aufzustellen!

Glücklicherweise verlaufen die Küstengebiete unserer Kontinente im Wesentlichen in Nord-Süd Richtung. Allerdings sollten wir uns auf den ungestörten Seewind beschränken, um eine möglichst hohe Effizienz unserer Anlagen zu gewährleisten. Dadurch fielen aber die **lee**wärtigen Küsten aus der weiteren Betrachtung heraus; und das wäre in erster Näherung etwa die Hälfte aller Küsten.

Es stehen uns dann also noch zur Verfügung:

Für die Passate: Die Ost-(**Luv-**)küsten von Südamerika, Afrika, Australien und Südostasien. Der ozeanische Archipel wird hier nicht weiter betrachtet. Als Inselgruppe wäre er schwer in eine globale Infrastruktur zu integrieren, was einer regionalen Versorgung aber nicht entgegen steht.

Für die Westwinde: Die West(**Luv-**)küste Nordamerikas und die Küsten Europas, da Südamerika und Australien von der südlichen Westwindzone nur knapp berührt werden.

Insgesamt wären das also 6 kontinentale Küsten auf unserer Erde, auf die wir unsere Windkraftanlagen aufteilen können. Jeder dieser Küstenabschnitte müsste dann im Schnitt auf 4.500 Kilometern Länge pro Kilometer mit Windkraftanlagen in einer Tiefenstaffelung von 50 Anlagen bebaut werden.

Es sei die Frage gestattet: Wollen wir das wirklich?

Alternative Technologien und deren Auswirkungen auf die Umwelt

Bei einer genaueren Betrachtung der Klimazonen unserer Erde bietet sich für die Erzeugung von Solarenergie eigentlich nur die Sahara an. Hier haben wir ein gewaltiges Wüstensystem in Äquatornähe, das sich über die gesamte Breite des afrikanischen Kontinents erstreckt.

Ein Streifen der Sahara von 100 km mal 2.000 km könnte also rein theoretisch und im allerbesten Fall Solarstrom für den gesamten Weltenergieverbrauch erzeugen; ein Streifen von 100 km mal 2000 km!

Diese Fläche wäre etwa doppelt so groß wie Ungarn (93.030 qkm)! Auf dieser Fläche könnten keine Menschen mehr leben und dort würde es keine Tiere und Pflanzen mehr geben! Und es wäre ein unüberbrückbares Hindernis für die nomadisierende Bevölkerung und ihre Herden, ihre uralten Wander- und Transportwege würden unterbrochen.

Wir würden in Nordafrika einen unübersehbaren und nicht wieder gut zu machenden Umweltschaden anrichten, nur um einen befürchteten Klimaschaden zu vermeiden.

Und außerdem hatten wir schon gesehen, dass wir wegen des geringen Wirkungsgrades bei der Erzeugung von Solarstrom eine vielfache Menge Energie aus dem Klimamotor unserer Erde entnehmen müssten.

Das glauben Sie nicht?

Das ist doch ganz einfach: Der Wirkungsgrad von Solarmodulen nimmt mit steigender Temperatur ab. Man müsste die Module also so konstruieren, dass sie selbst bei starker Sonneneinstrahlung möglichst wenig Wärme erzeugen. Also müsste man sie kühlen oder zumindest hinterlüften, um für eine schnelle Abführung von Strahlungswärme zu sorgen.
Wenn also die überschüssige Sonneneinstrahlung, und das sind mindestens 90 Prozent, von den Modulen ganz oder teilweise in Wärme umgesetzt werden sollte und sofort wieder an die umgebende Luft abgegeben wird, wäre das fatal. Aber auch dann, wenn die den Wirkungsgrad der Solarmodule übersteigende Sonneneinstrahlung in den Weltraum zurück reflektiert wird, steht sie unserem Klimamotor nicht mehr zur Verfügung! Schließlich speichert der Wüstenboden die tagsüber eingestrahlte Sonnenenergie und gibt sie in der Nacht wieder an die Atmosphäre ab. Diese Funktion hat ihren festen Platz in unserem Klimamotor – und diese Funktion würden wir auf knapp einer viertel Million Quadratkilometern dauerhaft außer Kraft setzen!

Für die Windenergie hatten wir in einer ersten Annäherung bereits gesehen, dass wir durchschnittlich sechs Küstenstreifen in den Windzonen unserer Erde von jeweils etwa 4.500 Kilometern Länge mit Windkraftanlagen in einer Tiefenstaffelung von 50 Anlagen pro Kilometer bebauen müssten, um den Weltenergieverbrauch allein mit Windkraft zu erzeugen.

Eine Überprüfung anhand unseres Globus ergibt aber, dass die verfügbaren Küstenlinien dafür wohl nicht ganz ausreichen werden:

Für die Passatzone haben wir etwa den Bereich zwischen 25 Grad Nord und Süd vom Äquator zur Verfügung. Die Westwindzonen liegen etwa zwischen 35 und 65 Grad nördlicher und südlicher Breite. Pro Breitengrad haben wir etwa 111 Kilometer zur Verfügung.

Die zusammenhängenden Küstenlinien in den Passatzonen unserer Erde haben also in etwa eine Länge von 5.500 Kilometern. Das passt ganz grob für Südamerika und Afrika, zwischen Südostasien und Australien gäbe es bereits Probleme mit Ozeanien.

In den Westwindzonen sieht es noch schlechter aus, denn da stünden nur jeweils ca. 3.300 Kilometer Küstenlinie zur Verfügung.

Wir müssten also die Anlagendichte an den verfügbaren Küsten unserer **terrestrischen** Windzonen noch einmal deutlich erhöhen, um dort alle Windkraftanlagen zur Erzeugung des Weltenergieverbrauchs überhaupt unterbringen zu können.

Und wie sähe das dann aus? Küstengebiete sind sehr beliebte Siedlungsräume. Die Küsten unserer Weltmeere sind dicht besiedelt, und hier wollen wir pro Kilometer bis zu etwa 100 Mega-Windkraftwerke bis weit in das Binnenland hinein aufstellen?

Die Aga-Kröte meint, das sei keine so gute Idee!

Eine Hochrechnung für den Pro-Kopf-Verbrauch der Menschheit

Der statistische Pro-Kopf Verbrauch an Energie auf unserer Erde klafft weit auseinander. Für das Jahr 2003 lag die Spanne zwischen knapp 100 Megawattstunden (MWh) in Kanada und knapp 6 MWh in Indien.
Es leben heute mehr als 7 Milliarden Menschen auf unserer Erde. Wenn wir für alle Menschen einen fairen Pro-Kopf Energieverbrauch von 30 MWh im Jahr ansetzen würden, dann müssten wir dafür bereits schon heute die jährliche Weltenergieerzeugung auf etwa 210.000 TWh (**Terra**wattstunden) im Jahr verdoppeln!
Wir haben aber auch bereits gesehen, dass weder Solarenergie noch Windenergie allein den aktuellen Energiebedarf auf unserer Erde aus erneuerbaren Quellen decken könnten. Und um allen Menschen auf unserer Erde faire Lebensbedingungen aus erneuerbaren Energien bieten zu können, würden wir schon heute alles beides zusammen in vollem Umfang benötigen.

Ein solcher menschlicher Eingriff in den Klimamotor unserer Erde hätte dann aber wirklich unübersehbare Folgen für das Weltklima. Diese Folgen würden, im Gegensatz zur befürchteten Klimakatastrophe durch den industriellen CO_2-Eintrag, auch noch mit einer ziemlich hohen Sicherheit eintreten!

Wertfreie alternative Energiegewinnung ist also der Traum vom eigenen Rettungsboot für uns Passagiere aus der Luxusklasse der Titanic. Aber hier auf der Erde sitzen wir nun einmal alle gemeinsam im gleichen Boot!

Die wesentlichen Ergebnisse dieser Betrachtung

o Unsere Erde ist 4,6 Milliarden Jahre alt und unterliegt seit jeher ständigen Veränderungen. Unsere persönlichen Erfahrungen spiegeln nur einen quasistationären Momentanzustand wider und spielen daher in Bezug auf unsere Erdgeschichte überhaupt keinerlei Rolle.

o Die einzige wissenschaftlich gesicherte Tatsache für das Klimageschehen auf unserer Erde in erdgeschichtlicher Zeit ist die ständige Veränderung, und das wird auch auf nicht absehbare geologische Zeit so bleiben. Die veröffentlichten Datenreihen, die eine Klimakatastrophe beweisen sollen, sind erdgeschichtlich viel zu kurz gefasst.

o Wie wir gesehen haben, besitzt unsere Erde erst in den letzten ca. 12 Prozent ihrer gesamten Geschichte eine Biosphäre. Erst die Entwicklung der höheren Pflanzen vor etwa 600 Millionen Jahren hat das Absinken des CO_2-Gehaltes unserer Atmosphäre von 5.000 ppm auf 280 ppm verursacht. Gleichzeitig stieg dadurch die Sauerstoffkonzentration in unserer Erdatmosphäre von weniger als 5 Prozent auf über 20 Prozent an.

o Der „natürliche" Treibhauseffekt führt gegenüber einem Erdmodell ohne Atmosphäre zu einer Erhöhung der Temperatur an der Erdoberfläche um ca. 33 Grad auf eine gemittelte Jahrestemperatur von etwa 14 Grad Celsius, was ein Leben auf der Erde überhaupt erst möglich macht. Für diesen „Klimamotor" unserer Erde stehen etwa 65% der eingestrahlten Sonnenenergie zur Verfügung.

o Das Strahlungsaufkommen zwischen Winter und Sommer schwankt auf unserer geographischen Breite etwa um den Faktor 3. Im Sommer kommen wir hier bei uns immerhin fast auf 90% der möglichen Maximaleinstrahlung unserer Sonne, im Winter sind es dagegen nur noch knapp 30 Prozent.

o Neben den jahreszeitlichen Schwankungen gibt es auch länger periodische Schwankungen unseres Erdklimas. Solche Schwankungen werden als **Milanković-Zyklen** bezeichnet und können aus den natürlichen Klimaarchiven unserer Erde abgeleitet werden.

o Von den **Protagonisten** der Klimakatastrophe muss jedenfalls die Erklärung eingefordert werden, wo wir im natürlichen Klimaverlauf unserer Erde aktuell eigentlich stehen: Leben wir momentan in einer natürlichen Klimaerwärmung oder in einer natürlichen Abkühlungsphase unseres Erdklimas? Die Antwort auf diese Fragestellung wäre ganz entscheidend für die Zeit, die uns für ein weiteres Vorgehen wirklich zur Verfügung stehen würde.

o Der weltweite natürliche CO_2-Ausstoß durch vulkanische Aktivität kommt auf durchschnittlich etwa 1 Prozent des aktuellen **antropogenen** CO_2-Eintrags und dürfte damit in erster Näherung für das aktuelle Klimageschehen zu vernachlässigen sein.

- Es gibt aktuelle Forschungsergebnisse, die uns aus der Entwicklung der Sonnenfleckenaktivität heraus eine weitere „kleine Eiszeit" vorhersagen.

- Schwankungen im natürlichen solaren Klimaantrieb spielen in den aktuellen Klimahochrechnungen keine Rolle und gegenteilige Forschungsergebnisse werden vom Klima-Mainstream ignoriert oder marginalisiert, insbesondere neuere Erkenntnisse über solare Selbstverstärkungseffekte wie den „Svensmark-Effekt".

- Alles, was in direktem Zusammenhang mit der Weltbevölkerung steht, auch alle mittelbaren Energieaufwendungen für unsere Transport- und Versorgungslogistik und den individuellen Reiseverkehr, folgen zwingend einer Hockeyschlägerkurve.

- Unsere technische Zivilisation hat seit Beginn des vergangenen Jahrhunderts bereits knapp 25 Prozent der gesamten Waldflächen auf unserer Erde zerstört und damit eine die natürlichen Kapazitäten für den CO_2-Abbau um etwa 11 Gigatonnen pro Jahr geschwächt, ohne dass es messbare Auswirkungen auf den atmosphärischen CO_2-Gehalt gegeben hätte.

- Bei einem weltweiten jährlichen CO_2-Ausstoss von 30 Gigatonnen würde die Weltbevölkerung etwa 125 Jahre für einen antropogenen Temperaturanstieg benötigen, der sich bei knapp 2 Grad Celsius selbständig stabilisieren würde.

- Die Hochrechnungen für die befürchtete Klimakatastrophe setzen eine Verdoppelung bis Vervierfachung des antropogenen CO_2-Ausstosses in der Zukunft voraus.

- Der antropogene CO_2-Eintrag addiert sich aktuell mit lediglich etwa 5 Prozent auf den natürlichen atmosphärischen CO_2-Kreislauf. Offenbar ist dieser natürliche CO_2-Kreislauf quantitativ aber noch gar nicht vollständig verstanden worden.

- Der Treibhausbeitrag von CO_2 verläuft logarithmisch, das heißt ein wachsender Eintrag von CO_2 erzeugt einen immer kleineren zusätzlichen Beitrag zum bestehenden Treibhauseffekt.

- Es muss für den Treibhauseffekt eine natürliche Dämpfung geben. Denn jeder Temperaturanstieg des Meerwassers verursacht zwangsläufig eine zusätzliche Freisetzung von dort gelöstem CO_2 und müsste eigentlich eine Klimaresonanz verursachen.

- Nach Eintritt des globalen Ölfördermaximums dürfte der weltweite Verbrauch von Ölprodukten, und damit die Fördermenge selbst, sehr stark von den aktuellen Produktpreisen abhängig werden. Aber Öl und Gas werden uns auch für ein weiteres Jahrhundert nicht ausgehen!

- Wir haben es bisher noch nicht einmal vermocht, die „Standby"-Funktion unserer technischen Haushaltsgeräte abzuschaffen, wodurch wir ohne zusätzliche Investitionen innerhalb von etwa 10 Jahren unseren Energieverbrauch um 5 Prozent senken könnten!

- Wir subventionieren dem alternativen Stromerzeuger die gesamte erzeugte Bruttostrommenge inklusive seiner Leitungsverluste. Eine ökologisch sinnvolle Minimierung von Leitungsverlusten wird daher bei der Standortplanung überhaupt keine Rolle mehr spielen. Damit hebeln wir die Marktwirtschaft bei der Energieerzeugung in Zukunft völlig aus!

- Der Pro-Kopf Verbrauch an Energie auf unserer Erde lag im Jahr 2003 zwischen 6 und 100 Megawattstunden (MWh). Für einen fairen Pro-Kopf Energieverbrauch von 30 MWh im Jahr für die gesamte Weltbevölkerung müssten wir bereits heute die jährliche Weltenergieerzeugung auf etwa 210.000 TWh (Terrawattstunden) im Jahr verdoppeln!

- Solarenergie: Zur Erzeugung des Weltenergieverbrauchs von 120.000 Terrawattstunden (2004) würden wir bei bestmöglichem Wirkungsgrad eine Fläche von mindestens 200.000 Quadratkilometern in Äquatornähe benötigen. Dafür würden wir dann aber, je nach Wirkungsgrad, grob gerechnet mindestens das 10-fache der erzeugten Energiemenge pro Jahr aus dem Klimamotor unserer Erde entnehmen.

- Windenergie: Um den Weltenergiebedarf mit Windenergie zu decken, würden wir etwa 1.350.000 Windkraftwerke zu je 10-MW mit kontinuierlicher Maximalleistung benötigen. Bei etwa 10.000 Kilometern verfügbarer Küstenlinie müssten wir pro Kilometer also etwa 100 Mega-Windkraftwerke in dicht besiedelten Gebieten aufstellen!

- Für die Erzeugung einer fairen Energiemenge für die gesamte Weltbevölkerung aus erneuerbaren Quellen müssten wir bereits heute beide beschriebenen Szenarien für Solar- und Windenergie umsetzen.

- Die Schwellenländer sind gerade dabei, den Entwicklungsprozess unserer westlichen Industrienationen mit voller Kraft nachzuholen und achten dabei überhaupt nicht auf ihren CO_2-Ausstoß!

- Die Klimakurven, die eine Erwärmung durch die Industrialisierung dokumentieren sollen, beginnen am Ende der „Kleinen Eiszeit". Folgerichtig können wir hier gar nicht zwischen dem natürlichen und einem antropogenen Klimaeinfluss unterscheiden.

- Eine Erhöhung der Durchschnittstemperatur um 1-2 Grad würde in etwa dem Klima in der mittelalterlichen Warmzeit entsprechen, in der es einer bäuerlichen Gesellschaft sehr gut ging. Erst die „Kleine Eiszeit", in der die Durchschnittstemperatur 1-2 Grad unter der heutigen Temperatur lag, führte zu Hunger, Armut und Auswanderung.

Fazit

 Wir haben gesehen, dass der Traum von einem konstanten Weltklima Humbug ist, denn die einzige wissenschaftlich gesicherte Tatsache für das Klimageschehen auf unserer Erde ist die ständige Veränderung!

 Wir haben auch gesehen, dass der natürliche atmosphärische CO_2-Kreislauf quantitativ noch gar nicht abschließend verstanden worden sein kann. Während nämlich der antropogene CO_2-Eintrag einen direkten Beitrag zur atmosphärischen CO_2-Konzentration liefern soll, scheint hier der Wegfall von natürlichen CO_2-Senken überhaupt keine Rolle zu spielen!

 Und wir haben gesehen, dass die befürchtete Klimakatastrophe nicht so sehr auf dem aktuellen CO_2-Ausstoss der Menschheit basiert, sondern sehr viel mehr auf dem erwarteten Anstieg dieser CO_2-Emissionen in der Zukunft!

Der Autor ist nach den Recherchen für dieses Buch weniger denn je von der Richtigkeit unserer klimapolitischen Grundvoraussetzungen und Ziele überzeugt. Aber er ist davon überzeugt, dass der Mensch selber in zunehmendem Maße zu einem Problem für Mutter Erde werden wird.

In den neuseeländischen Nationalparks stehen sehr kluge Schilder: „Nehmt nichts mit außer Fotos und lasst nichts zurück außer Fußabdrücken!"

In Abbildung 19 ist die Entwicklung der Weltbevölkerung dargestellt; sie ist eine Hockeyschläger-Kurve. Und was immer die Weltbevölkerung auch macht und machen wird, es wird immer eine Hockeyschläger-Kurve bleiben. Das Atmen, der Wasserverbrauch, der Nahrungsmittelanbau, der Energieverbrauch – das alles sind Hockeyschläger-Kurven.

Das Problem von Mutter Erde ist also: Die Menschheit nimmt sich heute sehr viel mehr als nur Fotos und sie lässt weit mehr zurück als nur Fußabdrücke!

Diese Tatsache fordert allerdings ein sofortiges Eingreifen, aber nicht unser Eingreifen allein, sondern ein Eingreifen der gesamten Menschheit auf dieser Erde!

Aber so weit sind wir hier auf den glücklichen Inseln der westlichen Industrienationen offenbar noch lange nicht! Als Erstes müssen wir nämlich begreifen, dass es gar keine persönliche oder nationale Ökologie gibt!

Ökologie gibt es nämlich nur für die ganze Erde oder gar nicht!

Und wir müssen begreifen, dass Insellösungen in der westlichen Welt oder gar hier in Deutschland allein und erst recht panischer Aktionismus keinen Nutzen für die Ökologie unserer Erde und für unsere Mitbewohner auf dieser Erde haben werden.

Wenn wir also schon Angst um die Ökologie unserer Erde haben, dann sollten wir nicht versuchen, uns durch das Verbrennen unserer wirtschaftlichen Ressourcen ein gutes Gewissen zu erkaufen, sondern dann müssen wir bereit

sein, dieses Geld für andere Menschen auf unserer Erde in die Hand zu nehmen!
Und wir müssen uns bewusst werden, dass wir wesentliche Mechanismen und Zusammenhänge für das Klima auf unserer Erde noch immer nicht voll verstanden haben oder sehr einseitig darstellen; zum Beispiel ist die Fokussierung auf den Einfluss von CO_2 als allein bestimmender Faktor für das Klimageschehen auf unserer Erde völliger Unsinn.

Aber wir schieben bereits Panik und versuchen unter Aufbietung aller unserer wirtschaftlichen Ressourcen, hier auf den glücklichen Inseln der westlichen Industrienationen, für uns ganz alleine umzusteuern.

Im Angesicht der bevölkerungsreichen Schwellenländer Indien und China ist das ein eher hilfloses Unterfangen, weil wir niemals in der Lage sein werden, den von dort zusätzlich zu erwartenden CO_2-Ausstoß aus neu gebauten Kohlekraftwerken mit einer vollständigen CO_2-Einsparung hier bei uns zu kompensieren.

Wir haben gesehen, dass es auf unserer Erde kein konstantes Standardklima gibt und es so etwas auch in der Erdgeschichte niemals gegeben hat.
Deshalb können Klimamodelle bestenfalls den differenziellen Einfluss des Menschen auf die Temperatur unserer Atmosphäre postulieren. Der absolute Temperaturverlauf unserer Erde kann aber bisher weder vorherberechnet werden, noch kann er als Beweis für die These der Klimakatastrophe herangezogen werden.
Diese Situation wird sich erst dann ändern, wenn Klimamodelle existieren, die auch rückblickend das Klima

in der Erdgeschichte mit allen ihren Einflussfaktoren korrekt simulieren können. Auch dann werden sie zwar niemals den Wetterbericht ersetzen können, aber für eine einigermaßen korrekte Klima-Vorhersage könnte es dann vielleicht sogar reichen.

Inzwischen fragt sich Otto Normalverbraucher allerdings immer noch, wie es denn eigentlich zu dem beschriebenen „Standby"-Desaster kommen konnte ...

Haben unsere Politiker also völlig versagt? Und laufen sie in der gegenwärtigen Klimahysterie nicht stramm und aktionistisch vorweg, anstatt ruhig stehen zu bleiben und mit kühlem Kopf die richtigen Fragen zu stellen und daraus dann qualifizierte Entscheidungen abzuleiten?

Sie sind doch diejenigen, die eigentlich den Überblick bewahren sollten!

Und sie müssten eigentlich zuerst einmal eine umfassende gesellschaftliche Diskussion darüber herbeiführen, welches Ziel es denn global zu erreichen gilt und wie wir die dafür erforderlichen Maßnahmen finanzieren wollen! Haben sie sich wenigstens von hochkarätigen Expertengremien beraten lassen?
Und diese Experten waren dann nicht in der Lage, die Veröffentlichung des IPCC für Entscheidungsträger [11] kritisch zu hinterfragen und mit der globalen Entwicklung in den Schwellenländern abzugleichen?
Es fragt sich doch ganz offensichtlich, ob die Zielsetzungen nicht von vorn herein festgestanden haben. Und es fragt sich auch, wo in dieser Diskussion eigentlich die Er-

kenntnisse der modernen Geowissenschaften über die fortlaufende erdgeschichtliche Klimaentwicklung auf unserer Erde abgeblieben sind. Schließlich erfordert eine professionelle System- und Fehleranalyse die Einbeziehung aller bekannten Einflussfaktoren für unser Weltklima in eine angestrebte Gesamtlösung! Ansonsten besteht nämlich die große Gefahr, dass man sein Geld für eine Lösung verbrennt, mit der man das angestrebte Ziel gar nicht erreichen kann!

Die Aga-Kröte lässt auch schön grüßen!

Und wir? Wir treiben panisch jede Sau durchs Dorf und verlangen dafür sofortige politische Konsequenzen! Von wem?
Natürlich von den Politikern, die sich bei der nächsten Wahl dann wieder von uns in ihren Ämtern bestätigen lassen wollen! Wir verlangen also von unseren Politikern ständig die Quadratur des Kreises. Kein Wunder, wenn das jeweils kaum länger als eine Legislaturperiode gut gehen kann und die betreffende Regierung dann wiederum vom Wähler dafür abgestraft wird, weil sie dessen emotionalen Wechselbädern nicht schnell genug langfristige Entwicklungsszenarien entgegensetzen konnte.

Unsere Kernfrage ist und bleibt: Geht es uns nun eigentlich primär um die Abschaltung aller unserer Atomkraftwerke oder geht es primär um die Vermeidung des weltweiten (!) CO_2-Ausstoßes?
Und diese Frage hätten wir ganz ernsthaft und in aller Ruhe klären und eine gesellschaftlich verbindliche Entscheidung darüber herbeiführen müssen!

Stattdessen werden im Juni 2011, im Angesicht der Ereignisse von Fukoshima, die Eckpunkte unserer Energiewende zwischen Bundes- und Länderregierungen „ausgehandelt" (!) und dann innerhalb von zwei Wochen (!) ein entsprechendes Gesetz für den Ersatz von Atomstrom aus regenerativen Energien und der Ausbau der dafür notwendigen Stromtrassen „zusammengenagelt". Und während der Wortlaut dieses Gesetzes in der Bevölkerung noch gar nicht bekannt ist, distanziert sich der kleinere Koalitionspartner bereits von „nicht marktwirtschaftlichen Instrumenten" und der vorgegebenen Zeitplanung [63]. Und von den eigentlichen Experten aus den natur- und wirtschaftswissenschaftlichen Fachbereichen und der Energietechnik ist inzwischen gar nichts mehr zu hören ...

Ach ja, die administrativen Bereiche der beteiligten Ministerien dürften bei der Formulierung der neuen Gesetze sehr wenig Zeit für einen rechtssicheren Abgleich zwischen bestehenden Rechtspositionen und den gewünschten Zielsetzungen gehabt haben! Und das lässt dann wiederum Regressforderungen der betroffenen Energieunternehmen und nachträgliche Nachbesserungen am Gesetzestext erwarten!
Klingt das nicht irgendwie mittelalterlich, wie eine machtpolitische Glaubensabstimmung über ein wissenschaftliches Problem?
Dabei hat unsere politische Führung doch lediglich die generelle Richtlinienkompetenz! Die Fachkompetenz aber liegt bei den Wissenschaftlern der jeweiligen Fachgebiete! Und die Bundesrepublik Deutschland bezahlt tausende von Professoren und hunderte von Forschungseinrichtungen.

Wo sind eigentlich die Gutachten der jeweiligen Fachdisziplinen zu unserem überstürzten Atomausstieg und seinen Konsequenzen?
Und wie wurde ein Abgleich zwischen den einzelnen Fachdisziplinen herbeigeführt?

Und was unsere klimapolitischen Ziele angeht: Wie ist hier denn eigentlich der Abgleich zwischen den wissenschaftlichen Fachdisziplinen erfolgt?

Etwa durch den festen Glauben an die Klimakatastrophe und den IPCC?

Das Bundesministerium für Umwelt, Naturschutz und Reaktorsicherheit (BMU) schränkt zum Beispiel in seinem Lehrmaterial für Schulen [64] das Spektrum der wissenschaftlichen Erkenntnisse über das Weltklima auf die letzten zwei Jahrhunderte der Industrialisierung ein. Im allerersten Kapitel werden dort zwar die Vostok-Eisbohrkerne vorgestellt, die immerhin das Klimageschehen der vergangenen 422.766 Jahre auf unserer Erde dokumentieren, einzelne Datenpunkte daraus sollen dann aber lediglich als Rechenbeispiel für die Rekonstruktion von einzelnen Temperaturwerten herhalten.
Und diese Daten werden dann nicht etwa in einen Zusammenhang zum **Paläoklima** unserer Erde gestellt, sondern die Interpretation wird den Schülern durch entsprechende Fragestellungen in perfider Weise selbst überlassen, indem es dort unter anderem heißt: *„Betrachtet die Kurve und versucht den Temperaturverlauf zu interpretieren. Welche Ursachen könnte es für den Verlauf geben? Besprecht eure Ideen."*

Die zugrunde liegenden wissenschaftlichen Erkenntnisse werden den Heranwachsenden also schlichtweg verschwiegen und das Ergebnis einer solchen Betrachtung wird damit einer persönlichen Entscheidungsfreiheit anheimgestellt!

Und in den zugehörigen Informationen für Lehrkräfte wird dafür dann die folgende Lösung angeboten: *„Hauptursache für die extremen Temperaturschwankungen in den vergangenen 420.000 Jahren sind die Kalt- und Warmzeiten."*

Das ist zwar richtig, aber auch hier wird wieder kein Wort über die wissenschaftlich belegten natürlichen Klimaschwankungen (Stichwort **Milanković-Zyklen**) verloren. Es wird vielmehr wie zwangsläufig ein Ringschluss zu den schulisch hinlänglich bekannten Kalt- und Warmzeiten hergestellt und implizit eine Klimakonstanz innerhalb dieser einzelnen Klimaabschnitte unterstellt.

Eine grundlegende Darstellung hätte dagegen auch die natürlichen Klimaschwankungen innerhalb der einzelnen Kalt- und Warmzeiten aufzeigen müssen.

Schließlich wird ja von der **Protagonisten** der Klimakatastrophe gerade die Angst vor solchen geringen Erhöhungen der Durchschnittstemperatur auf unserer Erde geschürt. Solche Schwankungen um einige Grad nach oben und unten sind aber innerhalb von Kalt- und Warmzeiten völlig natürlich.

Und genau diese Erkenntnis wird nicht vermittelt! So kann bei einer auf den Zeitraum der Industrialisierung eingeschränkten Betrachtung am Ende dann auch nur das offenbar politisch gewünschte Ergebnis herauskommen, nämlich der feste Glaube an den alleinigen Einfluss des menschlich verursachten industriellen CO_2-Ausstoßes auf das Weltklimageschehen!

Sicherlich wird man jetzt seitens des BMU argumentieren, eine hinlänglich korrekte Darstellung unseres Paläo-Klimageschehens würde die betreffende Zielgruppe eher überfordern.
Bei der Sekundarstufe, für die das zitierte Arbeitsmaterial ja vorgesehen ist, handelt es sich aber um Schülerinnen und Schüler zwischen 14 und 16 Jahren! Diese jungen Erwachsenen, die ja nach dem Willen einzelner Politiker bereits mit 16 Jahren das uneingeschränkte Wahlrecht erhalten sollen, werden also gezielt auf das gewünschte Ergebnis einer von Menschen verursachten Klimakatastrophe hingeführt!
Und bei den weggelassenen wissenschaftlichen Erkenntnissen handelt es sich dann ganz zufällig um diejenigen Fakten, die eine Perspektive für natürliche Klimaveränderungen über die rein **antropogenen** Ursachen hinaus aufzeigen!

In der Klimafrage mangelt es dem Weltklimarat (IPCC) und unserer politischen Führung also offenbar an dem festen Willen, gegenüber der betroffenen Bevölkerung die notwendige Transparenz über die wissenschaftlichen Grundlagen unserer natürlichen Klimaentwicklung herzustellen!
Stattdessen wird offenbar über unsere Köpfe hinweg ein Klimakreuzzug geplant, den wir am Ende alle bezahlen müssen!

In verschiedenen Interviews konnte man schon lange vor der bisher letzten Energiewende von einzelnen Politikern hören, diese Energiewende sei für den Verbraucher völlig kostenneutral. Kostenneutral? Konventioneller Strom kostet in der Erzeugung etwa 5 Cent pro Kilowattstunde, alternativ erzeugter Strom knapp das Dreifache. Was, bitte sehr, ist daran kostenneutral?

Und schon kurz nach dieser Energiewende waren dann auch die ersten Politikerstimmen [65] zu hören, die eine Subvention für die Subvention fordern: Der alternativ erzeugte Strom müsse für Geringverdiener und die Industrie bezahlbar bleiben! Also eine Progression der Stromtarife für die Besserverdienenden? Und ein Energienotopfer für die Industrie – natürlich auch von den Besserverdienenden?

Die klammheimliche Befreiung energieaufwendiger Industriezweige vom Netzentgelt [66] im Herbst 2011 ging dann jedenfalls ohne jeglichen öffentlichen Aufschrei über die Bühne!

Was glauben unsere Politiker eigentlich, uns allen Ernstes verkaufen zu dürfen? Die großen gesellschaftspolitischen Probleme unseres Landes sind seit mehr als 20 Jahren hinlänglich bekannt:

o   Steuerprogression und -vereinfachung,

o   die Sanierung des Gesundheitssystems,

o   und unsere Renten- und Sozialkassen.

Hat denn die Politik wenigstens für einen dieser drei Problemkreise in den vergangenen 20 Jahren eine nachhaltige und dauerhafte Lösung im Sinne der Bürgerinnen und Bürger unseres Landes zu Stande gebracht?

Und schon gar kostenneutral?

Nein, die Steuerprogression frisst weiterhin den Inflationsausgleich der Arbeitnehmer, im Gesundheitssystem wurden die Arbeitgeber einseitig entlastet, aber die Beiträge der Versicherten steigen weiter und die Sozialkosten bringen unsere Kommunen an den Bettelstab!

Und jetzt hat die deutsche Politik also endlich einmal, und offenbar ohne irgendwelche störenden Fachexperten, das existenzielle Problem der ganzen Welt innerhalb von zwei Wochen gelöst – und das Ganze auch noch völlig kostenneutral!

Wobei der FOCUS [67] dann bereits im September 2011 berichtete, die deutschen Stromimporte aus Tschechien seien im Zeitraum von Januar bis Juni 2011 um 673 Prozent angestiegen; diese Importe haben sich gegenüber 2010 also fast versiebenfacht! Und das, obwohl die sieben ältesten deutschen Atomkraftwerke erst Mitte März 2011 im Rahmen des 3-monatigen Atom-Moratoriums vom Netz genommen worden waren (und dann später auch nicht mehr ans Netz gegangen sind).

Wie soll das denn, bitte sehr, erst in den verbrauchsstarken Wintermonaten aussehen? Und: Sind die tschechischen Atomkraftwerke (Stichwort: Temelin) wirklich sicherer als unsere abgeschalteten Altmeiler?

Entschuldigung, aber irgendwie erinnert der Ablauf dieser Energiewende an Filme, in denen eine Person vom Dach eines Hochhauses springen will und die Menge unten auf der Straße klatscht und johlt!
... nur, dass letztendlich jeder Einzelne aus dieser Menge als Verbraucher selber da oben steht und die Zeche am Ende zahlen wird!

Und irgendwie verhalten wir uns mit unserer Energiewende wie jemand, der im Angesicht eines Verdurstenden seine Wasservorräte vernichtet, anstatt dem Verdurstenden ein paar Schlucke davon abzugeben! Beide Ziele, nämlich Atomausstieg und CO_2-Vermeidung, nebeneinander zu verfolgen, wird für uns volkswirtschaftlich jedenfalls kaum ohne eine ganz einschneidende Kostenbeteiligung der Verbraucher zu machen sein! Und am Ende werden wir denn vielleicht auch erkennen müssen, dass man nur im Angesicht einer nationalen, oder besser noch einer weltweiten Katastrophe, an die Ersparnisse des Volkes herankommen kann!
So wird Professor C.C. von Weizsäcker mit dem ironischen Ausspruch zitiert [68], das EEG (Energie Einspeisungsgesetz) sei eine „*herrliche Umverteilungsmaschine von unten nach oben*".

Groß denken, groß handeln und groß bezahlen – können wir uns das denn eigentlich leisten? Kostenlose Kindergärten und eine kostenlose Schulspeisung für jedes Kind hier in Deutschland können wir uns jedenfalls nicht leisten ...

Denken wir alle vielleicht viel zu schnell und viel zu groß bei der Lösung unserer Probleme?

Ordnen Sie doch bitte einmal die Begriffe „Atomausstieg", „Stromerzeugung aus erneuerbaren Energien" und „neue Leitungstrassen" völlig frei von Weltanschauungen ganz einfach nach der größtmöglichen wirtschaftlichen Belastung für unser Land:
Die richtige Lösung wäre dann „sofortiger Atomausstieg" durch den „sofortigen Ausbau der Stromerzeugung aus erneuerbaren Energien" bei einem „gleichzeitigen Bau von neuen Leitungstrassen"! – Ach ja, und die erforderlichen Zwischenspeicher für die aus Wind und Sonnenstrahlung erzeugte elektrische Energie benötigen wir dann ja auch noch sofort!

Und raten Sie mal, wer das alles am Ende bezahlen wird!

Wir wollen jetzt also gleichzeitig unsere Atomkraftwerke sofort abschalten und deren Leistung vollständig aus erneuerbaren Energien ersetzen und diese dann über neue Stromtrassen von Norden nach Süden verteilen?

Was für ein energiepolitischer Quatsch!

Diese Zielsetzung widerspricht doch völlig den allerfrühesten Erkenntnissen einer einstmals aufkeimenden Ökologie:

Der Transport von großen Strommengen über große Strecken bedeutet auch immer große Leitungsverluste! Und diese elektrischen Leitungsverluste müssen dann auch noch durch alternative Energien erzeugt werden! Und diese Leitungsverluste wollen wir bei einer alternativen Stromerzeugung mit einem Wirkungsgrad von etwa 10 Watt pro Quadratmeter einfach so hinnehmen?

Die einzig sinnvolle Alternative war und ist die dezentrale Erzeugung der benötigten Energie in unmittelbarer Nähe zum Verbraucher.

Man hat ja so etwas vielleicht schon einmal irgendwie gehört. Ja richtig, es gab doch da früher einmal Stadtwerke, bevor die dann von den verantwortlichen Politikern zum Zwecke der Haushaltsfinanzierung verscherbelt worden sind, nachdem sie ja bereits einmal von den örtlichen Verbrauchern bezahlt worden waren.
Kleine Anmerkung am Rande: Das war doch damals ein toller Trick, man hat sich die Stadtwerke einfach zweimal bezahlen lassen – halt, sind wir als Verbraucher nicht gerade dabei, unsere Stadtwerke ein drittes Mal zu finanzieren?
Weil aber der Zeitraum für den menschlichen CO_2-Eintrag in unsere Atmosphäre schon etwa 200 Jahre beträgt und die befürchteten Schreckenssszenarien bereits in 50 Jahren greifen sollen, glauben wir, jetzt ganz schnell und überstürzt handeln zu müssen.

Müssen wir das?

Wir sollten uns stattdessen einmal die wirtschaftliche Kompetenz von Otto Normalverbraucher zu Nutze machen: Machen wir einmal einen Kassensturz und schauen wir nach, wohin wir wollen und was wir schon haben! Schauen wir uns dafür bitte alle Zahlen und Fakten genau an, die im Klimageschehen unserer Erde eine Rolle spielen, um nicht vordergründigen Schnellschüssen zu erliegen! Und nehmen wir uns dann, bitte sehr, die Zeit für eine wirklich qualifizierte Planung!

Also, wir wollen offenbar:

- o Einen Ausstieg aus der Atomindustrie.
- o Eine Verringerung des CO_2-Ausstoßes durch die Nutzung von erneuerbaren Energien aus Wind und Sonnenlicht.

Und was haben wir?

- o Wir haben ein völlig ausreichendes Leitungsnetz für die Versorgung von Industrie und Bevölkerung mit elektrischer Energie.
- o Wir haben dafür auch mehr als ausreichende Kraftwerkskapazitäten, im Wesentlichen aus Atomenergie und Kohle.

Wenn wir uns also die für einen qualifizierten Umstieg notwendige Zeit lassen würden, dann könnten wir ganz ruhig und ohne Hektik unsere Stadtwerke vor Ort Stück für Stück wieder aufbauen, und zwar auf der Basis erneuerbarer Energien, also zum Beispiel mit dezentralen Bio-Kraftwerken auf Basis regional nachwachsender Rohstoffe. Im Norden könnte die standortnahe Erzeugung erneuerbarer Energien zusätzlich noch durch die Einbeziehung der Windenergie unterstützt werden und im Süden vielleicht sogar durch Solarkollektoren. Und wir könnten während dieser Entwicklung nach und nach ein Großkraftwerk nach dem anderen vom Netz nehmen.

Erstes Ziel wäre dann nämlich ein Stromnetz, in dem sich Grundlasten (AKW und Kohle) und Spitzenlasten (Gas) verbrauchernah verteilen und keine separaten Zentren für die alternative Stromerzeugung aufgebaut werden. Dann könnte das bestehende Gesamtnetz für den Aufbau einer verbrauchernahen Stromzeugung aus erneuerbaren Energien vielleicht schon ausreichen. Ein solches Vorhaben wäre allerdings nicht sofort umsetzbar und wir müssten dabei wohl auch hinnehmen, dass die besten unserer konventionellen Kraftwerke noch ein halbes Jahrhundert laufen würden, und zwar inklusive einiger der vorhandenen Atomkraftwerke.

Wenn also die geplanten Maßnahmen zur Energiewende nicht alle sofort und gleichzeitig umgesetzt werden müssten, dann hätten wir hier schon einmal kräftig Investitionsmittel eingespart!

Das wirkliche Problem von Mutter Erde ist ja auch nicht der industrielle CO_2-Ausstoß, sondern die immer schneller steigende Weltbevölkerung! Die Versorgung aller Menschen mit Nahrung, Medizin und Energie dürfte die wirkliche Herausforderung unserer Weltgemeinschaft darstellen. Und dieser Herausforderung dürfen wir uns nicht entziehen, indem wir unsere wirtschaftlichen Potentiale in einer Art von egoistischem CO_2-Ablasshandel verbrennen!

Es ist daher wissenschaftlich auch völlig unverständlich, warum sich die moderne Klimaforschung auf einen exklusiven CO_2-Regelkreis für unser Klima reduzieren lässt. Natürliche Klimaschwankungen (z.B. **[33]** und **[40]**) und abweichende Einflussfaktoren für unsere Klimaentwicklung (z.B. **[14]** und **[34]**) finden wissenschaftlich wenig Beachtung und werden dann mit eben dieser Begründung vom Klima-Mainstream marginalisiert oder gar öffentlich abgewertet. Folglich begründen die Alarmisten ihre Ablehnung alternativer Einflussgrößen also mit ihrer eigenen Ignoranz, was ihrem Alleinvertretungsanspruch gegenüber der Öffentlichkeit eine eher totalitäre Anmutung gibt.

Aber nehmen wir trotzdem einmal an, es handele sich bei der vorhergesagten CO_2-Klimakatastrophe nicht um eine Weltklimaverschwörung (Klimagate [69]), mit der die Bewohner der westlichen Industrienationen durch die Umsetzung vordergründiger Klimaziele einfach nur zur Kasse gebeten werden sollen.

Und nehmen wir einmal an, die Durchschnittstemperatur auf unserer Erde würde zum Ende dieses Jahrhunderts tatsächlich um 1 bis 2 Grad ansteigen.

Was für ein Problem hätten wir damit eigentlich?

Die mittelalterliche Warmzeit (zwischen dem 8. und 11. Jahrhundert) war für die damalige bäuerliche Gesellschaft in Mitteleuropa eine Zeit der wirtschaftlichen Blüte. Damals etablierten sich in Europa politisch stabile staatliche Strukturen, erste romanische Sakralbauten entstanden und die Entwicklung der Wissenschaften nahm ihren Anfang. Die dafür erforderliche Wertschöpfung über die Grundbedürfnisse einer bäuerlichen Bevölkerung hinaus dürfte allein den positiven klimatischen Verhältnissen zuzurechnen sein.

Und davor haben wir Angst?

Wir kommen klimatisch gerade aus der „kleinen Eiszeit" (von Anfang des 15. bis in das 19. Jahrhundert hinein) und jetzt wird uns von den **Protagonisten** der Klimakatastrophe ein Temperaturanstieg um die 2 Grad bis zum Jahre 2100 vorhergesagt. Und davor haben wir ernsthaft Angst? Oder haben wir doch nur ein schlechtes Gewissen?

Nehmen wir also an, unsere Klimahysterie hier, auf den glücklichen Inseln der westlichen Industrienationen, würde nur auf unserem schlechten Gewissen gegenüber der Mehrheit einer weitaus ärmeren Weltbevölkerung beruhen. Wir wissen, dass sich die Masse der Weltbevölkerung unseren Lebensstandard niemals wird leisten können und wir haben gesehen, dass die Versorgung der gesamten Weltbevölkerung mit erneuerbarer Energie eine Illusion bleiben muss.

Kann es dann sein, dass wir mit diesem ganzen Klima-Aktionismus nur unser schlechtes Gewissen beruhigen wollen?

Was läuft eigentlich bei uns in der gegenwärtigen Klimadiskussion ab?

Kann es tatsächlich sein, dass die CO_2-Vermeidung unser Ablasshandel ist, um später den Armen dieser Welt sagen zu können:

„Schaut mal her, wir verbrauchen ja selber auch nix?"

Kann es vielleicht sein, dass wir die Not leidende Mehrheit der Weltbevölkerung schon längst abgeschrieben haben?

Nein, das kann doch nicht sein! Wir sollten vielmehr unsere wirtschaftlichen Potentiale in unserer moralischen Verantwortung als der „besser verdienende" Teil der Weltbevölkerung zum Nutzen aller Menschen auf dieser Erde klug und zielgerichtet einsetzen, diese Ziele also wirklich ernsthaft und nachhaltig im Interesse aller Menschen auf dieser Erde betreiben!

Lomborg stellt fest [1], dass die vollständige Umsetzung des Kyoto-Protokolls etwa 180 Milliarden US-Dollar pro Jahr kosten wird. Der Nutzen für jeden eingesetzten US-Dollar wird aber nur bei etwa 34 US-Cent liegen. Er befürwortet dagegen eine weltweite CO_2-Steuer, die mit 2 US-Dollar pro Tonne beginnt und bis zum Ende dieses Jahrhunderts fortlaufend auf 27 US-Dollar pro Tonne angehoben werden könnte. Eine solche CO_2-Steuer sollte der Entwicklung der Dritten Welt zugutekommen und würde einen Nutzen von 2 US-Dollar pro eingesetzten US-Dollar erbringen. Ein solches Konzept würde ökonomisch hervorragend mit dem „Zeppelin-Manifest" von Stehr und von Storch [70] übereinstimmen. Stehr und von Storch fordern, anstelle von einseitiger CO_2-Vermeidung eine globale Klimavorsorge zu betreiben, um den regionalen Folgen der Klimaveränderungen rechtzeitig entgegenzuwirken.

Der Mainstream der modernen Klimaforschung steht also in einem Abwehrkampf gegen die natürlichen Schwankungen unseres Klimas und neue Erkenntnisse der unabhängigen Klimaforschung. In seinem Namen wird ein Ende der Klimadiskussion gefordert und es drängt sich die Frage auf, welchem Zweck dieser in der Wissenschaftsgeschichte einmalige Vorgang eigentlich dient. Will der Mainstream der Klimaforschung etwa ein veraltetes Paradigma aufrechterhalten, nur um weiterhin die Botschaft von der antropogenen Klimagefahr und der Erlösung durch einen CO_2-Ablasshandel verkünden zu können?
Die Klimaforschung sollte sich schleunigst aus der Gesellschaftspolitik zurückziehen und sich wieder dem wissenschaftlichen Erkenntnisgewinn widmen!

Es dürfte jedenfalls ausgesprochen spannend sein, wie die gegenwärtige Allianz von Politik und klimawissenschaftlichem Mainstream im Rückblick der Geschichte einmal bewertet werden wird!

Perspektive

Halten wir noch einmal fest: Wir verbrauchen fossile Kohlenwasserstoffe, die in erdgeschichtlichen Zeiten aus der Aufspaltung von CO_2 in eben diese Kohlenwasserstoffe und den Sauerstoff unserer Atmosphäre entstanden sind. Auch bei einer weiteren Nutzung von fossilen Kohlenwasserstoffen ist die Sauerstoffversorgung der Weltbevölkerung nicht gefährdet, wobei der jährliche CO_2-Eintrag des Menschen inzwischen etwa 5 Prozent des gesamten natürlichen CO_2-Kreislaufes entspricht. Die befürchtete Klimakatastrophe soll nun im Wesentlichen durch den zukünftigen Anstieg der antropogenen CO_2-Emissionen verursacht werden; sie ist also eine Projektion von Klimamodellen, die das zukünftige Wachstum dieses **antropogenen** CO_2-Eintrages hochrechnen.

Aus dem bisherigen antropogenen CO_2-Eintrag sind bereits städtische Wärmeinseln dokumentiert und es ist nicht auszuschließen, dass wir durch unseren technischen CO_2-Ausstoß tatsächlich einen Beitrag zum Klimageschehen auf unserer Erde liefern. Allerdings würde uns das bis zum Ende dieses Jahrhunderts im schlimmsten Fall auf den klimatischen Stand der mittelalterlichen Warmzeit bringen.

Aber solange wir den antropogenen Anteil am Klimageschehen auf unserer Erde rechnerisch nicht von der natürlichen Entwicklung zu trennen vermögen, können wir eigentlich gar keine verlässlichen Aussagen über eben diesen antropogenen Klimaeinfluss treffen! Insbesondere müssten nach dem **Abtast-Theorem** unsere Zeitreihen für die Hochrechnung des Weltklimas auch die **Periodizitäten** aller **Milanković-Zyklen** einschließen, was bisher offenbar gar nicht der Fall ist. Wir sollten uns jedenfalls bewusst machen, dass wir auch bei Vermeidung jeglichen technischen CO_2-Ausstoßes die natürlichen Schwankungen unseres Klimas niemals werden verhindern können!

Und trotzdem kann und darf es keine Entwarnung geben! Denn das Bevölkerungswachstum auf unserer Erde ist das eigentliche Problem unseres Planeten. Alle Menschen auf dieser Erde haben ein Recht auf Leben, das heißt auf ausreichend Energie, Wasser, Nahrung und Gesundheitsvorsorge und alle diese Funktionen stellen eine Hockeyschlägerkurve dar. Auf dieses Problem müssen wir uns konzentrieren und dieses Problem gilt es, gemeinsam zu lösen!

Eine gut gemeinte Panikmache zu einer reinen CO_2-Vermeidung in den Industrienationen, die uns sinnlose nationale Zielsetzungen zu überhöhten volkswirtschaftlichen Kosten anstreben lässt, ist genau die falsche Lösung! Wir hier in den westlichen Industrienationen werden die dafür erforderlichen Kosten vielleicht sogar aufbringen können, aber daraus wird sich keinerlei Nutzen für die Entwicklung der Dritten Welt ergeben. Dort wird eine eigene wirtschaftliche Entwicklung stattfinden, die alle unsere Anstrengungen, unseren CO_2-Ausstoß zu minimieren, konterkarieren wird. Also müssten wir gleichzeitig mit unseren Maßnahmen zur CO_2-Vermeidung verlangen, dass die Dritte Welt auf eine eigene Entwicklung verzichtet!

Können wir das erwarten? - Nein!

Und diese Entwicklung in der Dritten Welt wird genauso ablaufen wie unsere eigene Entwicklung und die aktuelle

Entwicklung der Schwellenländer, nämlich über eine Industrialisierung mit Kohlekraftwerken. Und wir können diese Entwicklung nicht verhindern, es sei denn wir führen Krieg gegen die Dritte Welt oder wir bezahlen ihr parallel zu unseren eigenen Anstrengungen eine umwelttechnisch saubere Energieversorgung.

Können wir das?

Nein, denn wir werden den Energiebedarf der ganzen Welt niemals allein aus alternativen Energien decken können.

Welche Möglichkeiten stehen uns denn überhaupt zur Verfügung?
Der augenblickliche Alleingang einzelner Industrienationen ist eher ein moralischer CO_2-Ablasshandel ohne wirkliche Konsequenzen für das weltweite Klima und die Entwicklung in der Dritten Welt.
Die Abkehr von der Energieerzeugung durch Kernkraft ist eine weitgehend emotionale Entscheidung vor dem Hintergrund menschlicher Fehlleistungen, die wohl eher durch wirtschaftliche Zwänge begründet waren. Unsere Abkehr von der Kernkraft wurde vor dem Hintergrund entschieden, dass wir offenbar glauben, uns eine solche Entscheidung auf nationaler Basis leisten zu können, obwohl sie mit erheblichen zusätzlichen Kosten für die Verbraucher verbunden ist.
Die Max-Planck-Gesellschaft hatte bereits 1980 den IIASA-Bericht zur Welt-Energieperspektive vorgelegt [71]. Dieser Bericht lotet in wissenschaftlich-emotionsfreier Form die Potentiale für eine nachhaltige globale Energieversorgung

aus. Dort wird zum Beispiel auch ein Szenario vorgestellt, in dem die Grundlast der weltweiten Energieversorgung durch Atomkraftwerke und Solarenergie abgedeckt wird. Die „flüssigen" fossilen Energien für den mobilen Einsatz, Öl und Gas, könnten danach später durch Kohleverflüssigung ersetzt werden.

Da dieser IIASA-Bericht nunmehr älter als 30 Jahre ist, stellt sich dem interessierten Betrachter allerdings die Frage, wie aus einer solchen globalen wissenschaftlichen Betrachtung am Ende hier bei uns nur ein wirkungsloser nationaler CO_2-Ablasshandel herauskommen konnte. Vielleicht, weil Katastrophenszenarien zu Gelddruckmaschinen für die moderne Forschung geworden sind?

Jüngstes Beispiel ist ein ganz neues Katastrophenszenario, nämlich eine Schädigung der Lüneburger Heide durch einen *„erhöhten Stickstoff-Anteil in der Luft"* [72]. Vielleicht ist dort ja völlig unbekannt, dass unsere Atmosphäre bereits zu 78 Volumenprozent aus Stickstoff besteht. Und ganz nebenbei setzt man den negativsten IPCC-Hochrechnungen für den Temperaturanstieg bis zur Mitte dieses Jahrhunderts dann gleich noch ein zusätzliches halbes Grad Celsius obendrauf!

Offenbar befindet sich die Wissenschaft im Ausverkauf: Um in einer Inflation von Katastrophenmeldungen überhaupt noch Gehör in der Öffentlichkeit zu finden, sind immer neue Bedrohungsszenarien erforderlich.

Ein klimapolitischer Ablasshandel in den westlichen Industrienationen schädigt aber die Dritte Welt, indem wir zum Beispiel durch die Nutzung von „umweltfreundlichen" Kraftstoffen, Stichwort „E10", den Druck auf die dortigen Nahrungsmittelpreise noch weiter erhöhen, anstatt dort eine gesunde wirtschaftliche Infrastruktur zu schaffen. Es steht zu vermuten, dass wir mit unseren Maßnahmen zur Energiewende schon jetzt die Hungersnöte in der Dritten Welt mit verursachen, zumal aktuelle Nachrichten bereits von einer Verdreifachung der Nahrungsmittepreise in Ostafrika sprechen. Die Ärmsten der Armen werden also noch ärmer, während wir selbst uns zusätzliche Kosten aufbürden, ohne wirklich eine globale Entspannung der befürchteten Klimasituation herbeiführen zu können. Unser Handeln erscheint wie eine Kurzschlussreaktion mit einer weltanschaulich-religiösen Erlösungskomponente, wohl nur von dem Bewusstsein getragen, dass wir uns einen solchen wirkungslosen Ablasshandel eben leisten können!

Anders als die reißerischen CO_2-Appokalypsen des letzten Jahrzehntes lotet das IIASA-Szenario [71] die global verfügbaren Energiepotentiale angstfrei aus und bezieht eine wirtschaftliche Entwicklung der Dritten Welt ausdrücklich mit in seine Perspektiven ein.

Es ist übrigens erstaunlich, dass die aktuell gepredigten Klimaszenarien von vergleichbaren Ergebnissen ausgehen, wie sie bereits im Jahre 1988 in einem sehr analytischen Bericht an den Club of Rome [73] aufgelistet worden sind.

Anmerkung: Die Berichte des Club of Rome werden inzwischen ausdrücklich als Berichte „an den Club of Rome" bezeichnet, weil sie aktuelle Szenarien und ihre Perspektiven für die Zukunft aus rein wissenschaftlicher Sicht darstellen. Der Club of Rome hat ausdrücklich niemals versucht, abgestimmte Konsequenzen aus solchen Szenarien und Perspektiven zu entwickeln, weil ein solcher Konsens selbst in diesem Gremium unmöglich erscheint.

Lange Zeit waren die Ergebnisse solcher Klimaszenarien wissenschaftlich höchst umstritten, und jetzt scheint in der Klimadiskussion plötzlich ein internationaler Konsens zu existieren! Zitate aus den Reihen der **Protagonisten** einer künftigen Klimakatastrophe, wie zum Beispiel der Ausspruch „*Die Diskussion* (über die Wirkung von CO_2 auf das Weltklima, Anm. d. Autors) *ist abgeschlossen!*", weisen dabei eher auf eine religiöse Werbebotschaft hin, als auf ein analytisch abgesichertes wissenschaftliches Ergebnis. Dabei tendieren aktuelle Berichte des IPCC zu Erklärungen, warum die mehr als 20 Jahre alten Hochrechnungen zur Klimaentwicklung auf unserer Erde so noch nicht eingetreten sind, ohne dass die Ansätze für diese Hochrechnungen jemals grundlegend revidiert oder auf weitere Einflussfaktoren (**[14]**, **[33]**, **[34]**, **[40]**) ausgeweitet worden wären.

Wir müssen uns jedenfalls schnellstmöglich klar machen, dass wir genau diejenigen Investitionsmittel, die wir für unser gutes Gewissen in einem CO_2-Ablasshandel aufzubringen bereit sind, im Interesse der gesamten Weltbevölkerung lieber für die strukturelle Entwicklung der Dritten Welt und eine ökologische Entwicklung in den Schwellenländern ausgeben sollten!

Denn die Staaten der Dritten Welt sind schon jetzt mit den Auswirkungen natürlicher Klimaschwankungen überfordert und die Schwellenländer werden ihre wirtschaftliche Entwicklung mit schmutzigen Kohlekraftwerken fortsetzen; und eines Tages wird auch die Dritte Welt diesem Weg folgen.

Eine solche Entwicklung können wir im Sinne einer nachhaltigen globalen Energieerzeugung nur dann verhindern, wenn wir bereit sind, die Kosten und Risiken für die wirtschaftliche Entwicklung in der Dritten Welt und den Schwellenländern auf uns zu nehmen.

Das Modell von Brandenburg und Paxson für eine verstärkte Förderung der Forschung in der Fusionstechnik [28] könnte mittel- bis langfristig dazu beitragen, die Lücke zwischen dem Weltenergiebedarf und der Erzeugung von alternativen Energien zu schließen. Jetzt also alle unsere Atomkraftwerke kurzfristig vom Netz zu nehmen und stattdessen alternativen Strom in Megawindparks zu erzeugen, bedeutet dagegen keine wirkliche Abkehr von der industriellen Stromerzeugung. Außerdem wird durch ein solches Vorgehen der notwendige Investitionsbedarf hier bei uns maximiert.

Wie zuletzt Fukoshima gezeigt hat, können Atomkraftwerke unter marktwirtschaftlichen Bedingungen offenbar nicht dauerhaft sicher betrieben werden. Eine globale, von den Vereinten Nationen getragene Atombehörde mit einheitlichen weltweiten Standards müsste demnach den Betrieb der vorhandenen und neu zu errichtenden Atomkraftwerke übernehmen und auch die weltweite Endlagerung sichern.
Nur so könnten wir uns die notwendige Zeit für den Aufbau einer nachhaltigen Energieversorgung für die ganze Weltbevölkerung verschaffen.

Für uns in den entwickelten Industrienationen wäre eine CO_2-Steuer von 2 US\$ pro Tonne zugunsten der Entwicklung der Dritten Welt ein deutlich geringerer finanzieller Aufwand, als eine vollständige Umsetzung des Kyoto-Protokolls [1]. Und für die Dritte Welt wäre ein durch diese CO_2-Steuer gestütztes Investitionsprogramm für einen Ausbau der Infrastruktur eine echte Perspektive, der Armut und dem Elend zu entgehen.

Die gleichzeitige Abkehr von Atomkraft und Kohle auf rein nationaler Ebene hier bei uns übers Knie zu brechen, macht für die Ökologie unserer Erde jedenfalls keinen Sinn. Aus globaler Sicht müssten wir sogar zwingend unsere sauberen Kohlekraftwerke und die relativ sicheren Atomkraftwerke weiter betreiben.

Die Mittel, die wir in alternative Energien auszugeben bereit sind, sollten also besser in die Infrastruktur der Dritten Welt und der Schwellenländern fließen. Außerdem sollten wir die Entwicklung der Kernfusion intensiv vorantreiben, um später unsere konventionellen Kraftwerkskapazitäten direkt durch diese Technologie ersetzen zu können. Schließlich waren wir doch einmal angetreten, um diese Welt zu retten!

Wenn wir wirklich eine globale Lösung für eine nachhaltige Energieversorgung anstreben, dann müssen wir uns aber auch auf gewaltige gesellschaftliche und politische Veränderungen gefasst machen. Wir müssten zum Beispiel von der industriellen Globalisierung Abschied nehmen, um die Transportwege für Nahrungsmittel und Verbrauchsgüter vom Erzeuger zum Verbraucher zu minimieren, deren Verbrauch fossiler Energieträger ja auch einer „Hockeyschlägerkurve" entspricht. Es müsste also zusätzlich zu einem nachhaltigen Energiekonzept auch ein nachhaltiges dezentrales Versorgungskonzept für die gesamte Weltbevölkerung entwickelt werden.

Und was wird eigentlich mit unseren demokratischen Grundrechten geschehen, wenn alle individuellen und nationalen Entscheidungen von den energiepolitischen Entscheidungen einer Weltgemeinschaft präjudiziert werden sollten?

Keine der großen Weltreligionen oder politischen Weltanschauungen hat es jemals vermocht, den Menschen als Ganzes in ein gesellschaftspolitisches Modell zu integrieren. Immer ist ein idealisierter Mensch Grundlage eines solchen Systems gewesen. Die negativen menschlichen Eigenschaften, Neid, Habgier, Egoismus, Machthunger, wurden systemisch abgespalten und einem Erbfeind zugeschrieben.

Gleichgültig, ob man ihn als Antichrist oder Konterrevolutionär bezeichnet hat, geendet hat eine solche Idealisierung des Menschen üblicherweise in einer Inquisition, einem Gulag oder noch Schlimmerem.

Unsere demokratische Marktwirtschaft ist eines der wenigen, wenn nicht gar das einzige politische System, das dem Menschen ausdrücklich die Freiheit zu Habgier und Egoismus zugesteht. Denn die Wertschöpfung in unserer westlichen Demokratie stützt sich ausdrücklich auf die Initiative und das Gewinnstreben des Einzelnen. Dabei müssen Auswüchse wie die Internetblase Anfang 2000 und der Bankencrash 2008 wohl als systemimmanent hingenommen werden. Denn dem Versuch, Habgier und Egoismus in einer demokratischen Marktwirtschaft zu kontrollieren, sind offenbar enge Grenzen gesetzt. Wie wirksam letztendlich internationale Bemühungen zur Einschränkung von Spekulationen gegen das Allgemeinwohl sind, können wir heute (2011) deutlich erkennen. Die Spekulationen um einen wirtschaftlichen Zusammenbruch der schwachen Länder in der Eurozone dürften diese nationalen Krisen nämlich noch erheblich verschärft haben. Und trotzdem funktioniert dieses System; denn es hat uns hier in den westlichen Industrienationen mehr als ein halbes Jahrhundert Frieden beschert.

So, wie sich aus Volksstämmen in geschichtlicher Zeit Staaten entwickelt haben, so wird jede gemeinsame globale Zielsetzung auch ein weiteres globales Zusammenwachsen und eine globale Administration erfordern. Historisch gesehen sind aber gesellschaftliche Veränderungen zu größeren politischen Einheiten bereits in viel kleinerem Maßstab niemals konfliktfrei abgelaufen. Eine weltumspannende Entwicklung zu einer nachhaltigen globalen Energiewirtschaft dürfte daher nicht ohne größere Konflikte ablaufen, die bis hin zu weltweiten kriegerischen Auseinandersetzungen reichen könnten.

Dabei ist die Ausgangsbasis für eine gemeinsame Zielsetzung der gesamten Weltbevölkerung denkbar schlecht: Wir in den westlich geprägten Industrienationen haben offenbar ein Luxusproblem und sind bereit, erhebliche wirtschaftliche Mittel für eine wenig nachhaltige Energiewende auszugeben. Die Schwellenländer streben nach einem vergleichbaren Lebensstandard und können ihn ohne den massiven Einsatz fossiler Brennstoffe nicht erreichen. Und die Dritte Welt kämpft ums nackte Überleben ...

Allein eine Begrenzung der Weltbevölkerung durch die wirtschaftliche Entwicklung der Dritten Welt könnte überhaupt erst eine gemeinsame Basis für eine weltweite ökologische Entwicklung in der Energieerzeugung und damit für einen globalen CO_2-Ausstieg schaffen. An dieser Stelle sei noch einmal das Buch von Ganteför [15] zitiert, in dem nachgewiesen wird, dass nur die wirtschaftliche Entwicklung derjenigen Staaten, in denen die Menschen unter der

Armutsgrenze leben, das globale Bevölkerungswachstum nachhaltig begrenzen kann.

Wir müssen uns aber auch bewusst machen, dass unsere individuellen Freiheiten im Falle einer globalen energiepolitischen Zielsetzung erheblich eingeschränkt werden könnten. Alle persönlichen und nationalen Entscheidungen müssten sich nämlich an solchen gemeinsamen Zielen orientieren, was selbstverständlich zu einem erheblichen individuellen Konfliktpotential führen würde.
Deshalb sollten wir in Zukunft ganz scharf aufpassen, ob eine demokratische Mehrheit in den westlichen Industrienationen nicht aus falsch verstandenem Gutmenschentum irgendwann einmal bereit sein sollte, die demokratischen Rechte des Einzelnen einem höheren Ziel unterzuordnen. Dann könnte am Ende einer solchen Entwicklung schließlich eine zentral gelenkte Weltwirtschaft nach chinesischem Muster stehen; aber auch eine weltweite Planwirtschaft nach kommunistischem Muster wäre denkbar! Und wo bei einer solchen Entwicklung diejenigen abbleiben mögen, die weiterhin auf ihren individuellen Grundrechten beharren sollten, das kann sich dann jeder leicht selber ausmalen!

Wir sollten also wissen, worauf wir uns einlassen, wenn wir unsere Welt ernsthaft zu retten versuchen! Der tschechische Staatspräsident Vaclav Klaus wird mit dem Ausspruch zitiert [74]: *„Die Problematik der globalen Erwärmung ist nämlich mehr eine Angelegenheit der Gesellschaftswissenschaften als eine der Naturwissenschaften. Es geht mehr um den Menschen und um seine Freiheit, als um die Veränderung der Durchschnittstemperatur um ein paar Zehntelgrad Celsius."*

Fokussieren wir mit unserer Klimaangst nicht tatsächlich auf latent vorhandene menschliche Urängste, aus denen heraus in längst vergangenen Zeiten unsere Mythen und Religionen entstanden sind? Und haben nicht zu allen Zeiten verblendete Gutmenschen versucht, eine vorgeblich bessere Welt zu erzwingen?

Wir wollen hier in Deutschland also mit aller Kraft unsere Erde retten! Aber auch dann, wenn wir alle denkbaren wirtschaftlichen Lasten für einen nationalen Umstieg auf alternative Energien auf uns nehmen, wird unser Beitrag auf die Entwicklung des Weltklimas wenig nachhaltig sein; denn wir können selbst mit einer vollständigen CO_2-Vermeidung den befürchteten globalen Temperaturanstieg lediglich um ein knappes Jahr verzögern. Es steht aber andererseits zu vermuten, dass bei einem solchen Vorhaben der Anstieg der Arbeitslosigkeit durch eine Abwanderung von Arbeitsplätzen höchst nachhaltig sein wird. Und es steht außerdem zu vermuten, dass die Unterschiede zwischen Arm und Reich sich weiter vergrößern werden und die Mittelschicht, der Motor unserer sozialen Marktwirtschaft, nachhaltig schrumpft.
Am Ende können wir dann ja einmal versuchen, von globalisierten Konzernen einen Beitrag zu unserem Harz4-Aufkommen zu erheben ...
Wir kommen wohl nicht umhin, mit Rietzschel über unsere Meinungsführer sagen zu müssen: *„Als Dilettanten bewahrt sie das Unwissen vor der Furcht des Versagens"* [75].

In Diskussionen muss man ja heute ständig hören, es sei doch trotzdem besser, überhaupt etwas gegen die Klimakatastrophe zu unternehmen und irgendwer müsse ja

schließlich damit anfangen. Aber müssen wir hier in Deutschland wirklich der gesamten Weltgemeinschaft in einer ökologisch und ökonomisch sinnlosen Kamikaze-Aktion vorangehen? Viele Vorgänge in unserem Klimageschehen sind wissenschaftlich noch gar nicht mit hinreichender Sicherheit erforscht. Alle Klimamodelle unterliegen groben Vereinfachungen und die Zuverlässigkeit ihrer Ergebnisse können wir gar nicht einschätzen. Wir können also auch nicht allein das CO_2 für das Klimageschehen auf unserer Erde verantwortlich machen – aber wir können es eben auch nicht ausschließen.
Dazu vielleicht eine Reportage von RSH (Radio Schleswig-Holstein) am 23. Dezember 2011: Auf einem Weihnachtsmarkt wurden Besucher gefragt, ob sie denn beweisen könnten, dass es den Weihnachtsmann gar nicht gibt. Natürlich konnte keiner der Befragten diesen Beweis erbringen. Aber ist das wirklich ein Beweis für die Existenz des Weihnachtsmannes?

Aus geowissenschaftlicher Sicht wäre unsere Zielsetzung zur Rettung unserer Welt und des Weltklimas denn auch völlig überzogen, weil wir diese Welt um ihrer selbst willen gar nicht zu retten brauchen! Mutter Erde hat schlimmere Katastrophen überlebt, und sie wird auch den Menschen überleben. Unser wirkliches Problem ist ja auch nicht der industrielle CO_2-Ausstoß, sondern die immer schneller wachsende Weltbevölkerung! Wenn wir also schon etwas zu retten haben, dann wäre das ganz allein unser eigener Lebensraum auf dieser Erde.
Wir müssen uns bei allem menschlichen Konservativismus immer bewusst machen, dass unser eigener Lebensraum hier auf der Erde natürlichen Schwankungen unterliegt

und auch in Zukunft unterliegen wird. Solche Schwankungen können wir aus unserer persönlichen Erfahrung heraus aber gar nicht abbilden. Auch wenn wir persönlich niemals eine Eiszeit erlebt haben, steuert das Klima unserer Erde aus geologischer Sicht gerade wieder auf eine solche Eiszeit zu; und das können wir weder verhindern noch beeinflussen.

Und es ist eigentlich auch völlig gleichgültig, ob der Temperaturanstieg für die befürchtete Klimakatastrophe nun natürlich oder antropogen verursacht wird. Vor dem Hintergrund des historischen Klimageschehens scheint es nämlich keinerlei Grund zu geben, eine weitere Klimaerwärmung um 1 bis 2 Grad bis zum Ende dieses Jahrhunderts sofort und mit allen wirtschaftlichen Mitteln bekämpfen zu müssen.

Warmzeiten waren in einer historischen bäuerlichen Gesellschaft immer auch wirtschaftliche Blütezeiten.

Erst mit der Industrialisierung und der damit verbundenen Entfremdung von unseren elementaren Überlebensgrundlagen scheint uns diese Erkenntnis schließlich verloren gegangen zu sein. Ein CO_2-Ablasshandel in den westlichen Industrienationen wird uns jedenfalls niemals die erhoffte Klimakonstanz einbringen und auch niemals die Lebensbedingungen für die Gesamtheit der Weltbevölkerung grundlegend verbessern!

Funktionierende regionale Infrastrukturen und dezentrale Versorgungskreisläufe für die gesamte Weltbevölkerung könnten dagegen den Ressourcenverbrauch der Menschheit minimieren und zu vergleichbaren Lebensbedingungen auf der gesamten Erde beitragen.

Anhang - Eine kritische Betrachtung zum aktuellen Informationsstand der Öffentlichkeit über die befürchtete Klimakatastrophe

Aus Gründen des Urheberrechtes muss hier auf eine direkte Gegenüberstellung der originalen graphischen Darstellungen verzichtet werden. Die jeweiligen Abbildungen sind jedoch im Internet jederzeit abrufbar unter:

[A] IPCC: **Radiative Forcing** of Climate Change
http://www.grida.no/climate/ipcc_tar/wg1/pdf/TAR-06.pdf -
Letzter Zugriff am 7. Oktober 2011

[B] **Organisation**:
http://www.ipcc.ch/organization/organization.shtml
Letzter Zugriff am 7. Oktober 2011

[C] Klimaschutzbericht des **IPCC** für Entscheidungsträger
http://www.bmu.de/files/pdfs/allgemein/application/pdf/ipcc_e
ntscheidungstraeger_gesamt.pdf
Letzter Zugriff 13. Juni 2011

[D] **US Petition Project**: Summary of Peer-Reviewed Research
http://www.petitionproject.org/review_article.php
Letzter Zugriff am 8. Juli 2011

[E] **NZCPR** Reseach – New Zealand Centre for Political Research
http://www.nzcpr.com/Research%20papers%20(4).pdf
Letzter Zugriff am 9. Oktober 2011

Anmerkung: Die hier **fett** gedruckten Bezeichnungen werden nachfolgend in den Anhängen 1 und 2 als Synonym für die hier aufgeführten Internet-Links verwendet.

Anhang 1 - **Faktenvergleich**

Der IPCC bezeichnet sich selbst (**[B] Organisation**) als eine wissenschaftliche Einrichtung, die keinerlei eigene wissenschaftliche Arbeiten durchführt. Seine Finanzierung wird durch Beiträge von WMO, UNEP und UNFCCC getragen. Der IPCC arbeitet also eigentlich wie die Fachzeitschrift einer wissenschaftlichen Vereinigung. Bereits seine Aussage, "*IPCC aims to reflect a range of views and expertise*", formuliert eine ausdrückliche Einschränkung für die dort ausgewählten wissenschaftlichen Beiträge. Es geht hier offenbar gar nicht um das vollständige Spektrum (*the full range*) der aktuellen wissenschaftlichen Erkenntnisse. Wissenschaftliche Arbeiten, die für die Zukunft keine Klimakatastrophe abbilden, erfahren offenbar beim IPCC auch keine gleichberechtigte Würdigung.

Der IPCC betätigt sich also eher als eine Art übernationale Werbeagentur für die Klimakatastrophe und erfüllt damit konsequent seinen ursprünglichen politischen Auftrag, nämlich ein zielgerichtetes wissenschaftliches Szenario („*clear scientific view on the current state of knowledge in climate change*") für den prognostizierten Klimawandel aufzustellen.

Wesentliche Widersprüche in dem Klimaschutzbericht des IPCC für Entscheidungsträger:

- **Die Zeitreihen des IPCC erfassen bestenfalls den historischen Temperaturanstieg seit Ende der „kleinen Eiszeit" um 1850!**
  Beweis: [C] IPCC Figure SPM.3. und [D] US Petition Project Figure 1. Die Abbildung des IPCC beginnt am Ende der "kleinen Eiszeit" (1850) und zeigt folgerichtig einen Temperaturanstieg, der zeitgleich mit der Industrialisierung ver-

läuft. Die Abbildung des US Petition Projects zeigt dagegen die Temperaturentwicklung der vergangenen 3.000 Jahre mit den historisch bekannten Warm- und Kaltzeiten. Nach Darstellung des US Petition Projects hat unser aktuelles Klima nach der „kleinen Eiszeit" die Durchschnittstemperatur der vergangenen 3.000 Jahre noch nicht wieder erreicht.

- **Der IPCC unterdrückt offenbar die grundsätzliche Abhängigkeit unserer Durchschnittstemperatur von der Sonnenaktivität! Der IPCC stellt damit die Temperaturerholung seit Mitte der 1970-er Jahre weitgehend als antropogenen Klimaeintrag dar!**
  Beweis: [C] IPCC Figure SPM.4. (Nordamerika) und [D] US Petition Project Figure 5. Beide Abbildungen zeigen den Temperaturverlauf für Nordamerika im 20. Jahrhundert. Der IPCC differenziert in seiner Darstellung zwischen Beobachtungen (schwarz), natürlichem (blau) und natürlichem plus antropogenem (rot) Klimaantrieb. Die Kurve der beobachteten Werte (schwarz) stimmt hervorragend mit der Darstellung des US Petition Projects überein. Beide Kurven zeigen ein Temperaturmaximum um 1940, danach einen Temperaturabfall und einen erneuten Anstieg ab etwa Mitte der 1970-er Jahre. Beim US Petition Project wurde die Temperaturkurve mit der Sonneneinstrahlung hinterlegt und zeigt einen engen Zusammenhang zwischen Temperatur und Sonneneinstrahlung über das gesamte 20. Jahrhundert. Dagegen bleibt der IPCC mit seiner Kurve für den natürlichen Klimaantrieb nach 1970 weit unter den Werten für das Strahlungs- und Temperaturmaximum der 1940-er Jahre und ordnet den gemessenen Temperaturanstieg ab Mitte 1970 damit weitgehend einem **antropogenen** Klimaantrieb zu. Eigentlich sollte aber der natürliche Klimaantrieb aktuell wenigs-

tens wieder das Niveau der 1940-er Jahre erreichen. Die durchschnittliche **Globalstrahlung** beträgt hier bei uns in Deutschland zwischen 900 und 1.200 kWh pro Quadratmeter und Jahr. In Abbildung 33 ist der Jahresmittelwert der Globalstrahlung für die **Säkularstation Potsdam Telegrafenberg** (http://www.klima-potsdam.de/) dargestellt.

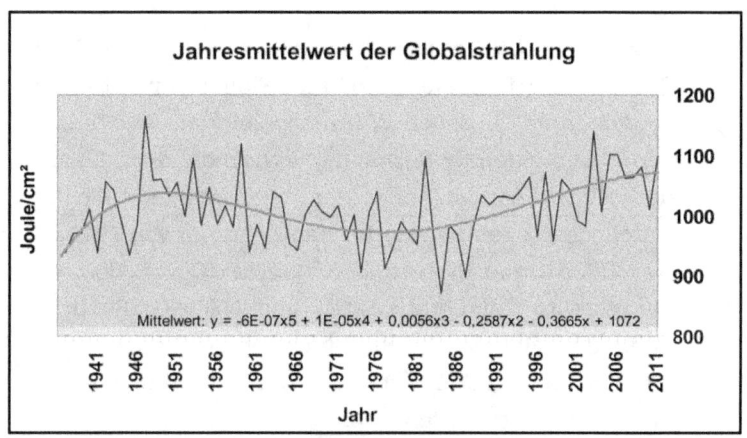

Abbildung 33: Jahresmittelwert der Globalstrahlung
Daten von http://www.klima-potsdam.de
Einheit der Tagessummen: 1 Joule = 1 Watt x 1 Sekunde = 1 Ws
1000 Joule/cm² entsprechen einem Wert von 2,78 kWh/m²

Aus Abbildung 33 wird klar, dass der solare Klimaantrieb nicht konstant ist. Auch die örtliche Globalstrahlung in Potsdam zeigt den oben beschriebenen Trend mit einem Maximum in den 1940-er Jahren und einem aktuellen Anstieg von etwa 10 (!) Prozent (Siehe dazu auch [33] und [34]) gegenüber den 1970-er Jahren ganz deutlich auf.

Die Sonnenenergie treibt den Klimamotor unserer Erde an; es erscheint daher ziemlich ausgeschlossen, dass die aufgezeigten Schwankungen von Intensität und Strahlungsmenge keinerlei Auswirkungen auf unser Klima haben sollten.

Bei einem schwankenden solaren Klimaantrieb wäre es jedenfalls grob fahrlässig, jeglichen Temperaturanstieg auf unserer Erde allein dem Menschen zuzurechnen!

- **Der IPCC hat für seine Berechnungen offenbar Temperaturmessungen aus Ballungsgebieten (= Wärmeinseln) benutzt!**
  Beweis: [D] US Petition Project Figure 15. Das US Petition Project stellt in dieser Abbildung den Temperatureffekt von sogenannten „urbanen Wärmeinseln" dar. Ergebnis ist eine linear ansteigende Beziehung zwischen dem Logarithmus der Einwohnerzahl und dem gemessenen Anstieg der Durchschnittstemperatur für den Zeitraum von 1940 bis 1996. Das US Petition Project wirft dem IPCC vor, dort ebenfalls dargestellte Temperaturdaten von NASAGISS zur Berechnung des globalen Temperaturanstiegs benutzt zu haben, die in Bezug auf den Einfluss solcher „urbaner Wärmeinseln" nicht korrigiert worden seien.

- **Der vorindustrielle Basiswert von 280 ppm für atmosphärisches CO_2 ist sehr eigenartig zustande gekommen!**
  Beweis: [E] NZCPR Figure 11. Das NZCPR bezweifelt, dass Callendar und Kelling bei der Ermittlung des vorindustriellen CO_2-Gehaltes unserer Atmosphäre wissenschaftlich sauber gearbeitet haben. Vielmehr scheint die dort dargestellte Selektion der Basisdaten durch Callendar und Kelling das Endergebnis bereits vorwegzunehmen.

- **Der IPCC ängstigt uns mit dem industriellen Wachstum der Schwellenländer!**
  Beweis: [C] IPCC Figure SPM.5. Diese Abbildung stellt globale Multimodell-Mittel für die Erwärmung an der Erdober-

fläche bis zum Jahre 2100 dar. Der antropogene Temperaturanstieg im 20. Jahrhundert ergibt sich dort zu 0,6 °C. Bis zum Jahre 2100 sind dort Werte für den weiteren antropogenen Temperaturanstieg zwischen 1,4 und 4 Grad Celsius angegeben. In Zukunft wird aber der CO_2-Ausstoss in den Industrienationen eher stagnieren. Nach dem **Waschmaschinen-Paradoxon** muss es sich beim weiteren Anstieg der weltweiten CO_2-Emissionen also um einen Zuwachs aus den Schwellenländern handeln. Ein solcher Anstieg der CO_2-Emissionen durch die wirtschaftliche Entwicklung in den Schwellenländern ist aber selbst mit einer Null-CO_2-Emission hier bei uns in Deutschland nicht kompensierbar. So wächst allein der CO_2-Ausstoß von China jährlich um etwa das gesamte deutsche CO_2-Aufkommen!

Fazit: Es gibt also sehr wohl fundierte Gegenpositionen zu den Klimadarstellungen des IPCC! Bei einem konstanten industriellen CO_2-Ausstoss auf heutigem Niveau müsste sich der zusätzliche antropogene Klimabeitrag nämlich selbständig auf knapp 2 Grad Celsius einpendeln: Eine Verdoppelung des CO_2-Gehaltes unserer Atmosphäre würde dann etwa 125 Jahre dauern (CO_2-Dreisatz Seite 91) und die mittlere Verweildauer von CO_2 in der Atmosphäre wird mit etwa 120 Jahren angegeben [52].

Das wirkliche Problem für die zukünftige Klimaentwicklung auf unserer Erde liegt denn auch in dem zusätzlichen CO_2-Ausstoss durch die wirtschaftliche Entwicklung der Schwellenländer und der Dritten Welt.

Anstatt hier bei uns eine ökonomisch und ökologisch sinnlose CO_2-Vermeidung zu betreiben, müssten wir also die Schwellenländer und die Dritte Welt bei ihrer weiteren wirtschaftlichen Entwicklung mit dem notwendigen Kapital für den Einsatz modernster Technologien zur CO_2-Vermeidung unterstützen.

Anhang 2 - Eigene Berechnungen

Die prognostizierte Klimakatastrophe soll durch den zusätzlichen antropogenen Eintrag von Treibhausgasen in unsere Atmosphäre verursacht werden. Der IPCC hat unter **[A] Radiative Forcing** zwei Formeln veröffentlicht, die den Beitrag von CO_2 zum atmosphärischen Treibhauseffekt auf unserer Erde beschreiben sollen:

$\Delta F = 5{,}35 * \ln(C/C_0)$ in [W/m²] (Gleichung 4)

$\Delta Ts / \Delta F = \lambda$ in [°K pro (W/m²)] (Gleichung 5)

Damit ergibt sich das Temperaturäquivalent für das „radiative forcing" des IPCC zu:

$\Delta Ts = \lambda * 5{,}35 * \ln(C/C_0)$ in [°K] (Gleichung 6)

Mit dem dort ebenfalls angegebenen IPCC-Wert für Lambda (λ) von **0,5 °K pro [W/m²]** lässt sich die Gleichung dann noch weiter konkretisieren zu:

$\Delta Ts = 2{,}675 * \ln(C/C_0)$ in [°K] (Gleichung 7)

Aus Gleichung (7) kann man nun leicht die **Klimasensitivität** von CO_2 zu 1,85 Grad Kelvin bestimmen. Aus den Eckwerten des natürlichen CO_2-Treibhauseffektes von 280 ppm und 8 Grad Celsius (grüne Linie in Abbildung 34) lässt sich dann auch das [C_0] in Gleichung (7) zu 14,07 ppm CO_2 errechnen. Der Kurvenverlauf zeigt einen antropogenen Temperaturanstieg bis heute (blaue Linie bei 380 ppm CO_2) von etwa 0,8 Grad Celsius. Bei einem Anstieg des industriellen CO_2-Ausstosses auf jährlich 50 Gigatonnen zum Ende dieses Jahrhunderts müssten wir mit einer Verdoppelung des atmosphärischen CO_2-Anteils auf 760 ppm (orange Linie) und einem weiteren Temperaturanstieg von 1,85 Grad

Celsius rechnen. Bei einer Vervierfachung des atmosphärischen CO_2-Gehaltes auf 1.500 ppm (rote Linie) wäre gegenüber heute demnach ein Temperaturanstieg von insgesamt etwa 3,65 Grad Celsius zu erwarten. Andere Autoren kommen mit ihren eigenen Ansätzen für die Klimasensitivität von CO_2 übrigens zu deutlich geringeren Werten für diesen Temperaturanstieg ([19] und [35]). Die Abbildung 34 zeigt deutlich, dass der steilste Anstieg für die Temperaturkurve des CO_2-bedingten Treibhauseffektes bereits hinter uns liegt. Die politisch angepeilte 2-Grad-Grenze für das Jahr 2100 ist demnach so glücklich gewählt, dass sie sich auch ohne eine grundsätzliche CO_2-Reduktion erreichen ließe.

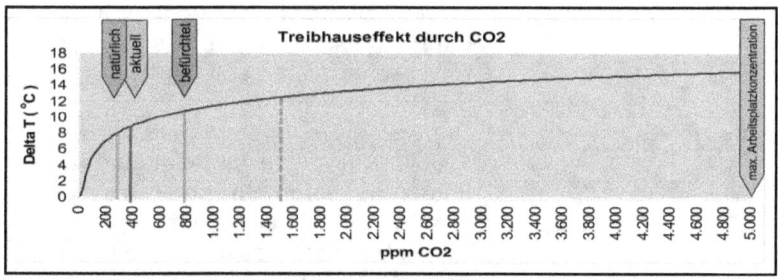

Abbildung 34: Der Treibhausbeitrag von CO_2 aus Gleichung (7)

Die zwingende Notwendigkeit für einen überstürzten weltweiten CO_2-Aktionismus lässt sich deshalb aus dieser Hochrechnung auch kaum herleiten. Eine Verdoppelung des atmosphärischen CO_2-Gehaltes würde uns nämlich nicht in eine Klimakatastrophe führen, sondern lediglich in eine neue Warmzeit, vergleichbar etwa mit dem mittelalterlichen Klimaoptimum.

Selbst wenn der Einfluss von CO_2 auf unser Klima also den Befürchtungen des IPCC entsprechen sollte, hätten wir trotzdem ausreichend Zeit, um eine nachhaltige globale Lösung für unseren antropogenen Klimabeitrag zu finden - und zwar ohne jede Panik und Geldverschwendung!

Einige Erklärungen zu Begriffen und Fachausdrücken
Viele der hier genannten Begriffe und Stichworte sind detailliert in Wikipedia erklärt: **http://de.wikipedia.org**

absoluter Nullpunkt	Die niedrigste physikalisch mögliche Temperatur. Sie ist zu 0 Grad Kelvin definiert, was auf der Celsiusskala – 273,15 Grad entspricht. Im Weltraum herrschen wegen der überall vorhandenen Hintergrundstrahlung etwa -270 Grad Celsius.
Abtast-Theorem	Nach dem Abtasttheorem von Nyquist benötigt man wenigstens einen diskreten Messwert pro Halbschwingung, um ein periodisches Signal aus Einzelwerten rekonstruieren zu können.
Aga-Kröte	Die Aga-Kröte, *Buffo marinus*, wurde 1935 in Australien zur Schädlingsbekämpfung eingeführt und hat sich dort zu einer Plage ausgeweitet, die jetzt die einheimische australische Fauna bedroht. Die an der Aussetzung beteiligten „Experten" hatten sich schließlich gegen heftige Kritik durchgesetzt.
antropogen	wissenschaftlich: Vom Menschen gemacht, vom Menschen erzeugt.
Aphel	der sonnenfernste Punkt der Erdbahn
Ekliptik	Die Neigung der Erdachse von 23°26'16"gegen ihre Bahn**normale**. Die so genannte „Schiefe" der Ekliptik beträgt 90° - 23°26'16" = 66°33'44"
el Nino	spanisch: „Das (Christ-)Kind", ein Klimaphänomen im Südpazifik, das um die Weihnachtszeit auftritt. Die Pas-

satwinde wehen mit verringerter Kraft und das warme Oberflächenwasser wird nicht mehr in ausreichendem Maße von der südamerikanischen Westküste fortgetrieben. Dadurch wird der Aufstieg von kaltem Tiefenwasser aus dem Humboldtstrom an die Oberfläche behindert. Daraus resultieren dann eine Verminderung des Planktonwachstums und ein Ausbleiben der Fischschwärme in Küstennähe.

Exzentrizität	Bei einer Ellipse gibt es zwei Brennpunkte, so dass z.B. die Sonne nicht im Zentrum der Erdumlaufbahn steht (S. auch Kepler).
fraktale Geometrie	Die „Selbstähnlichkeit" von manchen Stoffen und Körpern, in verschiedenen Vergrößerungsmaßstäben gleiche geometrische Strukturen abzubilden.
geographische Breite	vom Erdmittelpunkt aus gesehen der (kleinste) Winkel zwischen einem beliebigen Ort und dem Äquator. Beispiel: Mainz liegt auf 50 Grad Nord, die Pole liegen auf 90 Grad Nord und Süd.
Globalstrahlung	die von der Sonne tatsächlich eingestrahlte Energiemenge in [J/cm^2] oder [kWh], üblicherweise angegebenen pro Tag oder pro Jahr
Hemisphäre	Halbkugel
Kelvin	thermodynamische Temperatur, benannt nach Lord Kelvin Der Nullpunkt der Kelvin-Skala liegt bei -273,15 Grad Celsius.

	Also: Gleicher Gradabstand der Kelvin-Skala wie bei der Celsius-Skala, aber ein anderer Nullpunkt
Kepler, Johannes	deutscher Astronom, 27. 12 1571 - 15. 11 1630 1. Keplersches Gesetz: Die Planeten bewegen sich auf elliptischen Bahnen, in deren einem Brennpunkt die Sonne steht.
Klimaproxi	Klimaproxi sind jahreszeitlich wechselnde Ablagerungen oder Wachstumsphasen, die eine Aussage über das Paläoklima ermöglichen.
Klimasensitivität	Die K. gibt an, um wie viel Grad Kelvin sich die Durchschnittstemperatur bei einem zusätzlichen Energieeintrag in [W/m²] oder bei Treibhausgasen für eine Verdoppelung ihrer Konzentration erhöht.
Korrelation:	Ein statistisches Maß für die Ähnlichkeit von zwei Kurvenverläufen, ohne Beweiskraft für einen funktionalen Zusammenhang der betrachteten Parameter.
Lee	dem Wind abgewandt
Luv	dem Wind zugewandt
Magnitude	Maß für die Energie eines Erdbebens. Die zugehörige Funktion ist logarithmisch und der Energiezuwachs pro Magnitude beträgt jeweils etwa das 32-fache.

Maßeinheiten	Milli	0,001
	Kilo	1.000
	Mega	1.000.000
	Giga	1.000.000.000
	Terra	1.000.000.000.000

1Wa = 1 Wattjahr = 8760 Wh = 8,76 KWh

Mesopotamien	Das Zweistromland zwischen Euphrat und Tigris
Milanković, Milutin	serbischer Mathematiker, berechnete die sogenannten **Milanković-Zyklen** in der Paläoklimatologie. Seine Erklärung sind langperiodische Schwankungen von Bahnparametern unserer Erde, die Unterschiede in der Sonneneinstrahlung verursachen.
Normale	Die (Flächen-) Normale steht senkrecht auf der zugehörigen Fläche und bezeichnet deren Lage im Raum.
Oxidation, oxidieren	chemische Bindungen an Sauerstoff, z.B. durch Verbrennen
Paläoklima	Das Klima in zurückliegenden geologischen Zeiten. S. auch Klimaproxi
Paradigma	Lehrmeinung, Weltsicht
Perihel	der sonnennächste Punkt der Erdbahn
Periodizität	Wiederholungsfrequenz, die Zeit, in dem sich ein bestimmtes, regelmäßiges Ereignis wiederholt.
ppm	Parts per Million = millionstel Bruchteil 1 Promille sind 1.000 ppm

Präzession	Eine zusätzliche umlaufende Bewegung der Rotationsachse bei einem rotierenden Körper, vergleichbar mit dem „Taumeln" eines Kreisels.
Projektion	Mathematisch berechenbarer „Schattenwurf" eines Körpers auf eine Ebene (oder allgemeiner auf die nächst kleinere Dimension).
Projektionspunkt	Fußpunkt einer Projektion, Endpunkt einer Verbindungslinie zwischen einem Punkt und einer Fläche, die senkrecht auf dieser Fläche steht (Lotpunkt)
Protagonist	Hauptdarsteller, handelnde Person
Sequenzstratigraphie	Die geologische Erkenntnis, dass die Ablagerungsverhältnisse auf unserer Erde einer ständigen Veränderung unterworfen sind. Diese Veränderungen werden auf Wasserstandsschwankungen in den Weltmeeren innerhalb der **Milanković-Zyklen** zurückgeführt, wo regelmäßig erhebliche Wassermengen in den terrestrischen Gletschern gebunden und wieder frei gesetzt werden. Die resultierenden Schwankungen der Meeresspiegel führen dann zu einer relativen Lageänderung von Erosions- und Sedimentationsräumen in Bezug auf die geologischen Transportwege.
Sequestierung	Einlagerung
terrestrisch	wissenschaftlich: Auf die Erde bezogen, von der Erde kommend

Tōhoku Erdbeben	Das Erdbeben, dessen Tsunami das Kernkraftwerk Fukoshima zerstört hat, ereignete sich am 11. März 2011 um 05:46:23 Uhr Weltzeit auf 38° 19′ 19″ N und 42° 22′ 8″ O mit einer Magnitude von 9,0.
Tsunami	jap. „Hafenwelle", dt. seismische Woge. Im Gegensatz zu Windwellen, die nur an der Wasseroberfläche verlaufen (Oberflächenwellen), wird bei einem Tsunami der gesamte Wasserkörper in Bewegung gesetzt (Körperwelle). Im freien Ozean beträgt die Wellenlänge hunderte Kilometer und die Wellenhöhe weniger als einen Meter; die Ausbreitungsgeschwindigkeit kann dort um 800 km/h liegen. An der Küste kommt es dann schließlich zu einer Art Auffahrunfall: Die Front der Welle wird stark abgebremst, während von See her das Wasser für 10 bis 30 Minuten weiter mit der ursprünglichen Geschwindigkeit an den Strand gedrückt wird. Das Wasser kann daher nicht zurückfluten, wie bei einer Windwelle. Dadurch steigt der Wasserstand bei einem Tsunami weit über den gewöhnlichen Hochwasserstand an.
Waschmaschinen-Paradoxon:	Der Anschluss einer neuen Waschmaschine führt je nach Standort zu einem Mehr- oder Minderverbrauch an Energie! **Erklärung:** In einer „gesättigten" Volkswirtschaft ersetzt diese Waschmaschine für gewöhnlich ein weniger energieeffizientes Altgerät und führt so zu einer Verminderung des Stromverbrauches.

In einer „ungesättigten" Volkswirtschaft dagegen führt der Ersterwerb einer Waschmaschine zu einer Steigerung des Lebensstandards und zu einer Erhöhung des Stromverbrauches, unabhängig von der Energieeffizienz des Gerätes.

Wendekreis · Der nördliche und südliche W. liegen auf 23°26'16" nördlicher und südlicher Breite. Sie begrenzen die scheinbare jahreszeitliche Wanderung der Sonne.

Winkelfunktionen · Die W. (Sinus, Kosinus, etc.) beschreiben die Abhängigkeiten zwischen Strecken und Winkeln in einem Kreis. Damit werden beispielsweise zyklische Ereignisse mathematisch beschrieben.

Liste der Abbildungen ([ ] = Fremdabbildungen)

Abb. 1: Die gesamte Erdgeschichte 33
Abb. 2: Die Erdgeschichte ab der Kreide 34
Abb. 3: Klimaveränderungen in der Erdgeschichte [17] 37
Abb. 4: CO_2-Gehalt der Erdatmosphäre 44
Abb. 5: Sauerstoffgehalt der Atmosphäre [27] 49
Abb. 6: Herkunft des Sauerstoffs in unserer Atmosphäre 52
Abb. 7: Aufteilung der Sonneneinstrahlung 54
Abb. 8: Einzelbeiträge zum natürlichen Treibhauseffekt 55
Abb. 9: Das Erdjahr im Sonnenumlauf 61
Abb. 10: Strahlungsintensität mit der geographischen Breite 63
Abb. 11: Die Breitenabhängigkeit der Sonnenstrahlung 65
Abb. 12: Die globalen Strömungssysteme **mit [37] und [38]** 68
Abb. 13: Schwankung der Sonneneinstrahlung bei 50° N 69
Abb. 14: Die jahreszeitliche Sonneneinstrahlung in 50° N 70
Abb. 15: Das Klima in der geologischen Vorzeit [41] 73
Abb. 16: Eine Klimaschwankung von +/- 2,5 Grad 77
Abb. 17: Durchschnittstemperatur seit der letzten Eiszeit 84
Abb. 18: Der industrielle CO_2-Ausstoß im 20. Jahrhundert 88
Abb. 19: Die Entwicklung der Weltbevölkerung 89
Abb. 20: Hochrechnung für den industriellen CO_2-Ausstoß 90
Abb. 21: Versorgungslogistik im letzten Jahrhundert 92
Abb. 22: Versorgungslogistik nach der Globalisierung 94
Abb. 23 A +B: Entwicklung des Im- und Exportaufkommens 96
Abb. 24: Entwicklung des Tourismus 97
Abb. 25: Entwicklung der Waldflächen auf unserer Erde 100
Abb. 26: CO_2-Produktion und Abbau durch den Wald 101
Abb. 27: Szenarien für das Ölförderungsmaximum **[59]** 122
Abb. 28: Die Wirtschaftlichkeit von KW-Ressourcen **mit [60]** 124
Abb. 29: Ressourcen nach dem Ölförderungsmaximum 126
Abb. 30: Die Ölkrise von 1973/74 **mit [61]** 127
Abb. 31: Marktverhalten nach dem Ölfördermaximum **mit [59]** 128
Abb. 32: Die Windsysteme unserer Erde 133
Abb. 33: Jahresmittelwert der Globalstrahlung 181
Abb. 34: Der Treibhausbeitrag von CO_2 185

Literaturverzeichnis

[1] Bjørn Lomborg: Cool it!: Warum wir trotz Klimawandels einen kühlen Kopf bewahren sollten
Deutsche Verlags-Anstalt, ISBN-10: 3421043531
Originaltitel: Cool It: The Skeptical Environmentalist's Guide to Global Warming

[2] Hans-Werner Sinn: Das grüne Paradoxon, Econ Verlag
ISBN-10: 3430200628, ISBN-13: 978-3430200622

[3] Michael Crichton:
[3.1] Jurassic Park, Droemer Knaur (1998)
ISBN-10: 3426711273 ISBN-13: 978-3426711279
[3.2] Beute, Blessing - Originaltitel: Prey
ISBN-10: 3896672096 ISBN-13: 978-3896672094
[3.3] Welt in Angst, Goldmann Verlag
Originaltitel: State of Fear
ISBN-10: 3442463041 ISBN-13: 978-3442463046

[4] Radiative Forcing: IPCC Fourth Assessment Report:
Climate Change 2007: Working Group I:
The Physical Science Basis

[5] Solarkonstante und Exzentrizität:
http://de.wikipedia.org/wiki/Sonnenstrahlung
Letzter Zugriff am 21. Dezember 2011

[6] Sonnenflecken
http://www.pro-physik.de/Phy/leadArticle.do?laid=14138
Sonnenflecken allgemein:
http://de.wikipedia.org/wiki/Sonnenfleck
Letzter Zugriff am 15. Juni 2011

[7] Die Vostok Eisbohrkerne:
Hausarbeit: Eisbohrkerne der Arktis und Antarktis im Seminar Quartärforschung unter Leitung von PD Dr. Birgit Terhorst
von Frank Baumann und Tobias Spaltenberger
http://www.spaltenberger.de/geograph/eisbohrkerne.pdf
Letzter Zugriff am 8. Juli 2011

[8] Das Petition-Projekt zur Zurückweisung des Kyoto-Protokolls in den USA: http://www.petitionproject.org/
Letzter Zugriff am 8. Juli 2011
Zu diesem Thema ebenfalls interessant:

[9] US Petition Project: Überprüfung der Wissenschaftlichen Forschungsergebnisse (Summary of Peer-Reviewed Research)
http://www.petitionproject.org/review_article.php
Letzter Zugriff am 8. Juli 2011

[10] Apocalypse No! Björn Lomborg
Verlag: Zu Klampen; Auflage 1 (Juli 2002)
ISBN-10: 3934920187 ISBN-13: 978-3934920187
Originaltitel: The Skeptical Environmentalist

[11] Klimaschutzbericht des IPCC für Entscheidungsträger
http://www.bmu.de/files/pdfs/allgemein/application/pdf/ipcc_e ntscheidungstraeger_gesamt.pdf
Letzter Zugriff 13. Juni 2011

[12] Albert Einstein: http://de.wikipedia.org/wiki/Albert_Einstein
Letzter Zugriff am 1. Juli 2011

[13] Heinrich Schliemann:
http://de.wikipedia.org/wiki/Heinrich_Schliemann
Letzter Zugriff am 1. Juli 2011

(14) Remote Sensing 2011, 3, 1603-1613; doi: 10.3390/rs3081603
www.mdpi.com/journal/remotesensing
Article: On the Misdiagnosis of Surface Temperature Feedbacks from Variations in Earth's Radiant Energy Balance
Autoren: Roy W. Spencer and William D. Braswell

[15] Gerd Ganteför: Klima – Der Weltuntergang findet nicht statt
Wiley VCH, ISBN 978-3-527-32671-6

[16] Köppen, W., Wegener, A.: Die Klimate der geologischen Vorzeit, Borntraeger, Berlin 1924

[17] Abbildung 3: Klimaveränderungen in der Erdgeschichte

Ⓒ Gemeinfrei aus Wikipedia
Autor: Schönwiese, Christian-Dietrich, aus : Klima im Wandel, Tatsachen, Irrtümer, Risiken; Deutsche-Verlags-Anstalt, 1992
http://de.wikipedia.org/w/index.php?title=Datei:Erdgeschichte.svg&filetimestamp=20100504212019
Letzter Zugriff am 22. Mai 2011

[18] Informationen zur Aga-Kröte:
http://de.wikipedia.org/wiki/Aga-Kr%C3%B6te
Letzter Zugriff am 9. August 2011

[19] Idso's Umrechnung von „radiative forcing" in Temperatur:
http://www.mitosyfraudes.org/idso98.pdf
Letzter Zugriff am 5. Oktober 2011

[20] IPCC: Radiative Forcing of Climate Change
http://www.grida.no/climate/ipcc_tar/wg1/pdf/TAR-06.pdf
Letzter Zugriff am 7. Oktober 2011

[21] US Senate EPW Minority Report
http://hatch.senate.gov/public/_files/USSenateEPWMinorityReport.pdf
Letzter Zugriff am 28. Dezember 2011

[22] CO2-Gehalt unserer Atmosphäre:
[22.1] und: http://de.wikipedia.org/wiki/Treibhausgas
[22.2] http://de.wikipedia.org/wiki/Kohlenstoffdioxid
Letzter Zugriff am 16. Juni 2011

[23] Aufbau einer Tonne Holz aus Photosynthese:
http://www.bfafh.de/bibl/frp/frp_2-97_bfh.pdf
Letzter Zugriff 9. August 2011

[24] Ernst-Georg Beck, Dipl.Biol.: 50 Years of Continous Measurements of CO2 on Mauna
ENERGY & ENVIRONMENT, Volume 19 No. 7 2008

[25] CO_2 folgt Temperatur:
http://www.biomind.de/treibhaus/50-JahreMauna.pdf
Letzter Zugriff 13. Juni 2011

[26] Liste historischer Vulkanausbrüche
http://de.wikipedia.org/wiki/Liste_gro%C3%9Fer_historischer_Vulkanausbr%C3%BCche
Letzter Zugriff am 17. Juni 2011

[27] Abbildung 5: Sauerstoffgehalt der Erdatmosphäre im Verlauf der letzten 1.000 Mio. Jahre
ⓒ Gemeinfrei aus Wikipedia, Urheber: LordToran
http://de.wikipedia.org/w/index.php?title=Datei:Sauerstoffgehalt-1000mj.svg&filetimestamp=20101219040029
Dieses Werk wurde von seinem Urheber I, **LordToran** als **gemeinfrei** veröffentlicht. Dies gilt weltweit. In manchen Staaten könnte dies rechtlich nicht möglich sein. Sofern dies der Fall ist: *LordToran gewährt jedem das bedingungslose Recht, dieses Werk für **jedweden Zweck** zu nutzen, es sei denn Bedingungen sind gesetzlich erforderlich.*
Letzter Zugriff am 22. Mai 2011

[28] Brandenburg, John E., Paxson, Monica Rix:
Wie der Erde die Luft ausgeht. Das Ende unseres blauen Planeten.
Wilhelm Heyne Verlag. München. 1999. 1. Auflage.
ISBN: 345316539X (EAN: 9783453165397 / 978-3453165397)

[29] Masse der Erdatmosphäre:
http://de.wikipedia.org/wiki/Luft
Letzter Zugriff am 9. August 2011

[30] IEA International Energy Agency
Key World Energy Statistics 2010

[31] El Nino: http://de.wikipedia.org/wiki/El_Ni%C3%B1o
Letzter Zugriff am 14. Juni 2011

[32] Lord Moncktons Berechnungen zur Klimasensitivität
http://wattsupwiththat.com/2011/09/27/monckton-on-pulling-planck-out-of-a-hat/
Letzter Zugriff am 24. November 2011

[33] Svensmark: Solarer Einfluss auf die Wolkenbildung
http://www.dsri.dk/~hsv/SSR_Paper.pdf
http://www.hschickor.de/Ozon/temperatur3_2.html

Letzter Zugriff am 9. Februar 2012

[34] Fritz Vahrenholt und Sebastian Lüning:
Die kalte Sonne
Hoffmann und Kampe, ISBN 978-3-455-50250-3

[35] Archibald, D. (2007). The Past and Future of Climate. Rehabilitating Carbon Dioxide, Lavoisier Group meeting, Melbourne on 29-30 June, 2007.
http://www.nzclimatescience.org/images/PDFs/archibald2007.pdf
Letzter Zugriff am 4. Oktober 2011
Anmerkung: Die Formeln zur Berechnung des „radiative forcing" werden ebenfalls zitiert in
http://lv-twk.oekosys.tu-berlin.de/project/lv-twk/002-treibhauseffekt.htm#quantitativ
Letzter Zugriff am 5. Oktober 2011

[36] Präfixe der Maßeinheiten:
http://de.wikipedia.org/wiki/Vors%C3%A4tze_f%C3%BCr_Ma%C3%9Feinheiten
Letzter Zugriff am 15. Juni 2011

[37] Die Thermohaline Circulation aus Wikipedia
http://de.wikipedia.org/w/index.php?title=Datei:Thermohaline_Circulation.svg&filetimestamp=20091021210407
Autoren:
BlankMap-World6.svg: Canuckguy and many others
Thermohaline_Circulation_2.png: Robert Simmon, NASA. Minor modifications by Robert A. Rohde also released to the public domain, derivative work: Miraceti
Diese Datei ist unter der Creative Commons-Lizenz Namensnennung-Weitergabe unter gleichen Bedingungen 3.0 Unported lizenziert
Letzter Zugriff am 9. Februar 2012
Abbildung 12 ist damit ebenfalls unter der „Creative Commons-Lizenz 3.0 Unported" (Namensnennung - Weitergabe unter gleichen Bedingungen) freigegeben

[38] Earth Global Circulation aus Wikipedia

http://de.wikipedia.org/w/index.php?title=Datei:Earth_Global_Circulation-DE.xcf.jpg&filetimestamp=20080523073609
Ⓒ Diese Datei ist gemeinfrei (public domain), da sie von der NASA erstellt worden ist
Letzter Zugriff am 9. Februar 2012

[39] Einführung in die Wetterkunde
Autoren: Hardy, Wright, Gribbin und Kington
Verlag Pawlak, ISBN 3-88199-217-0

[40] Informationen über Milutin Milanković und die Milanković-Zyklen sind zu finden unter:
http://de.wikipedia.org/wiki/Milutin_Milankovi%C4%87
http://de.wikipedia.org/wiki/Milankovi%C4%87-Zyklen
Letzter Zugriff am 9. August 2011

[41] Abbildung 15: Das Klima in der geologischen Vorzeit aus Wikipedia:
http://de.wikipedia.org/wiki/Datei:Koeppen_Wegener.jpg
Ⓒ Die Schutzdauer für das von dieser Datei gezeigte Werk ist nach den Maßstäben des deutschen, des österreichischen und des schweizerischen Urheberrechts abgelaufen.
Letzter Zugriff am 3. Juni 2011

[42] Entstehung des Mondes
http://www.uni-protokolle.de/Lexikon/Entstehung_des_Mondes.html
Letzter Zugriff am 22. August 2011

[43] Aktuelle Abkühlung des Weltklimas:
http://www.focus.de/wissen/wissenschaft/klima/tid-11927/geringe-sonnenaktivitaet-wird-sich-unser-planet-abkuehlen_aid_335520.html
Letzter Zugriff am 9. August 2011

[44] Erdwärme, Geothermie
http://de.wikipedia.org/wiki/Geothermie
Letzter Zugriff am 15. Juni 2011

[45] Temperatur im Weltraum

http://de.wikipedia.org/wiki/Universum
Letzter Zugriff am 15. Juni 2011

[46] Wikipedia: Absoluter Nullpunkt
http://de.wikipedia.org/wiki/Absolute_Temperatur
Letzter Zugriff am 15. Juni 2011

[47] Vereisungsminimum:
http://www.geosci.unc.edu/files/documents_PDF/Rials_Research/Nonlinear.pdf
Letzter Zugriff am 9. August 2011

[48] Löwe, Wikipedia: http://de.wikipedia.org/wiki/L%C3%B6we
Letzter Zugriff am 7. Juni 2011

[49] German Angst
http://www.medialine.de/media/uploads/projekt/medialine/docs/bildung/fms/um2011/fms_14_2011.pdf
Letzter Zugriff am 23. August 2011

[50] Wolfgang Behringer: Kulturgeschichte des Klimas
Verlag dtv, ISBN 978-3-423-34652-8

[51] Landwirtschaft Wikipedia
http://de.wikipedia.org/wiki/Landwirtschaft
Letzter Zugriff 10. Juni 2011

[52] Verweilzeit von CO_2 in der Atmosphäre:
http://de.wikipedia.org/wiki/Treibhausgas
Letzter Zugriff am 21. Februar 2012

[53] Welthandel: Zahlenquelle Statistisches Bundesamt
Statistisches Jahrbuch 2010, A.18.1 Welthandel
Quelle dort: World Trade Organization, Genf

[54] Tourismus: Zahlenquelle ITR
Tourism Market Trends, 2006 Edition – Annex
http://www.sete.gr/files/Media/Ebook/2006/110304_Tourism%20Market%20Trends%202006%20-%20World%20Overview%20&%20Tourism%20Topics.pdf

Letzter Zugriff 14. August 2011

[55] Daten für diese Abbildung von:
Food and Agriculture Organization of the United Nations (FAO)
Global Forest Resources Assessment
http://www.fao.org/forestry/fra/en/
Letzter Zugriff am 20. April 2010

[56] Wikipedia: Holznot
http://de.wikipedia.org/wiki/Holznot
Letzter Zugriff am 9. August 2011

[57] Zeit Online vom 26.3.2011 - 20:11 Uhr
http://www.zeit.de/gesellschaft/zeitgeschehen/2011-03/japan-tsunami-warnung
Letzter Zugriff am 9. August 2011

[58] Die Grenzen des Wachstums
Bericht des Club of Rome zur Lage der Menschheit
Deutsche Verlags-Anstalt; Auflage: 1. Ausgabe (1972)
ISBN-10: 3421026335 ISBN-13: 978-3421026330

[59] Abbildungen 27 und 31 zum globalen Ölfördermaximum
Titel: World production forecast - aus Wikipedia
created by Khebab of The Oil Drum unter License CC-BY-2.5.
(Namensnennung - Weitergabe unter gleichen Bedingungen)
http://de.wikipedia.org/w/index.php?title=Datei:PU200611_Fig1.png&filetimestamp=20090907211612
Letzter Zugriff am 18. April 2011
Damit ist die Abbildung 31 dieses Buches ebenfalls unter der „Lizenz CC-BY-2.5" freigegeben

[60] Abbildung 28 enthält: Oil Prices 1861-2007 aus Wikipedia
created by TomTheHand - diese Datei ist unter der „Creative Commons-Lizenz 3.0 Unported" (Namensnennung - Weitergabe unter gleichen Bedingungen) lizenziert.
http://de.wikipedia.org/w/index.php?title=Datei:Oil_Prices_1861_2007.svg&filetimestamp=20090309152233
Letzter Zugriff am 18. April 2011

Damit ist die Abbildung 28 dieses Buches ebenfalls unter der „Creative Commons-Lizenz 3.0 Unported" freigegeben.

[61] Enthalten in Abbildung 30: Oil Prices 1970 - 2003
Aus Wikipedia
Autor: EIA   -   Ⓒ   free use under US Code
Letzter Zugriff am 3. Mai 2011

[62] Photovoltaik – Wikipedia
http://de.wikipedia.org/wiki/Photovoltaik
Letzter Zugriff am 3. Mai 2011

[63] Die FDP zum Atomausstieg
Quelle: ZEIT ONLINE, Datum: 7.6.2011 - 07:57 Uhr
http://www.zeit.de/politik/deutschland/2011-06/FDP-Atomausstieg-Kritik
Letzter Zugriff 8. Juni 2011

[64] BMU-Bildungsmaterialien Sekundarstufe
Klimaschutz und Klimapolitik
http://www.bmu.de/bildungsservice/bildungsmaterialien_sek_i/ii/fuer_lehrer/doc/41730.php
Siehe auch: http://www.umweltdaten.de/publikationen/fpdf-l/3919.pdf
Letzter Zugriff am 5. Juni 2011

[65] Subvention für die Subvention: „Strom muss bezahlbar bleiben", Interview mit Hannelore Kraft im Hamburger Abendblatt vom 14. Juni 2011

[66] Gesetzesänderung zum Erlass von Netzentgelten:
http://www.buzer.de/gesetz/9837/a172491.htm
Letzter Zugriff am 14. Dezember 2011

[67] Stromimporte: Mehr Atomstrom aus dem Ausland
FOCUS 37/2011 Seite 160
Dort ebenfalls lesenswert: Selbstmord aus Angst vor dem Tod, Seiten 102 und 103

[68] Zitat von Prof. C. C. von Weizsäcker aus:
http://www.ktg.org/documentpool/ktg/2010_11_ehrenmitgliedschaft_vortrag_alt.pdf
Letzter Zugriff am 14. Juni 2011

[69] Klimagate: http://ef-magazin.de/2009/11/22/1666-dreiste-manipulation-der-wichtigsten-temperaturdaten-zur-welttemperatur-nicht-mehr-auszuschliessen-climatgate--klimagate - Letzter Zugriff am 28. Juni 2011
Originale auf: http://junksciencearchive.com/climategate.html
Letzter Zugriff am 4. Oktober 2011

[70] Nico Stehr und Hans von Storch: Klima, Wetter, Mensch
Verlag Barbara Budrich, ISBN-10: 3866492286

[71] Robert Gerwin: Die Welt-Energieperspektive
Nach dem IIASA-Forschungsbericht – vorgelegt von der Max-Planck-Gesellschaft
Deutsche Verlags-Anstalt 1980
ISBN 3-421-02716-1

[72] Gefahr durch Stickstoff für die Lüneburger Heide
http://www.abendblatt.de/region/niedersachsen/article2177722/Studie-Der-Klimawandel-gefaehrdet-das-Heidewasser.html
Letzter Zugriff am 5. Februar 2012

[73] Eduard Pestel: Jenseits der Grenzen des Wachstums
Bericht an den Club of Rome
Deutsche Verlags-Anstalt 1988
ISBN 3-421-06393-1

[74] Zitat von Vaclav Klaus:
http://www.wbms.de/index.php?option=com_content&view=section&layout=blog&id...
S. auch: http://www.klaus.cz/clanky/198
Letzter Zugriff am 23. Dezember 2011

[75] Thomas Rietzschel: Die Stunde der Dilettanten
Zitat Seite 81 unten
Verlag Zolnay, ISBN 978-3-552-05554-4

www.ingramcontent.com/pod-product-compliance
Lightning Source LLC
Chambersburg PA
CBHW050056230526
45470CB00004B/1547